さわって学べる
Power
Platform
ローコードアプリ開発ガイド

大澤文孝、浅居尚 著

［技術監修］パーソルプロセス＆テクノロジー株式会社

日経BP

はじめに

こんなアプリがあったら業務がはかどるのに！

そう思ってみたところで、「どこの開発会社に頼むのか」「予算は付くのか」などの課題が山積み。いままでは所詮、夢物語でした。しかし近年のローコード開発ツールの登場で、事態は激変。あれこれ考えるよりも、自分でさっさと手を動かして作れるようになったからです。

本書の主題であるMicrosoft Power Platformは、そんなローコード開発ツールです。Excelワークシートを作るがごとくSharePointでデータ項目を決めれば、半自動で、一覧ページや編集フォームを作れます。決裁の承認フローも、承認フロー用のロジックをブロック状に並べるだけ。収集したデータの分析やグラフ化も、Excelのピボットテーブルやグラフに似た操作で実現できます。しかもMicrosoft 365ライセンスを持っていれば、追加の費用もかかりません。

本書では、Power Platformの「専門家でなくても開発できる」という特性を生かし、「アプリの内製化」を実現していきます。

目指すところは、「自分が使うアプリ作り」。開発会社が作るような「誰かに使ってもらうために納品するアプリ」ではありません。時間をかけて完璧に作り込むのではなく、多少粗くても短時間で手軽に作る。できるだけ生成を自動化し、複雑なところや細かいところまでは、あえて作らないことで、脱落しないスマートなアプリの作り方を伝授します。

アプリの内製化はアプリ作りが目的ではありません。「難しい」「面倒臭い」と思ったら負けです。

そのためには、Power Platformの流儀に合わせることが大切です。流儀に合わないやり方をすると、余計なロジックの作り込みが増えてしまいます。監修していただいたパーソルプロセス＆テクノロジー株式会社の皆様には、こうした部分でも多大なるご協力を賜りました。本書に記載している内容は、パーソルプロセス＆テクノロジー株式会社の皆様の開発経験を基に絞り出したエッセンスでもあります。

本書が想定している読者は「IT部門」の担当者ですが、各現場部門にいて「他の人よりは少しPCに詳しいけれどもプログラミングは未経験。ブラウザー操作ができてExcelが少し使える」という程度の知識で読み進められるように書いたつもりです。

誰もが自分で使うために、ちょっとだけ便利なアプリを作れる世界。

本書を通じて、皆様が、そんな素敵な世界に入るきっかけとなれば幸いです。

2022年3月　大澤文孝

監修者より

迫りくる"2025年の崖"

　現在、日本の企業は大きなITの課題に直面しています。

　経済産業省が2018年に公開した「DXレポート」によると、現在多くの企業がDXの推進を阻む課題を抱えており、それを放置すれば2025年以降、最大12兆円/年（現在の約3倍）の経済損失が生じる可能性があると指摘しています。これが「2025年の崖」と言われるものです。

　このような状況の中、IT人材の採用は年々激化しており、企業のDXを推進したくても必要な人材を十分に確保できないなど、IT人材の不足は深刻化しています。また従来のシステム開発では、システム構築の属人化によって、ブラックボックス化したシステムの中身が分からず、システム改修が極めて困難になるなどの課題を抱えています。

　本書で取り上げている「ローコード開発」は、従来の開発に比べて技術的なハードルが低く、簡単なアプリケーションであれば、エンジニアではない社員が開発することが可能です。開発プロセスや品質の標準化が可能で、スピーディーに開発が行えるため、内製化への関心が高まっています。ローコード開発市場は年々拡大しており、急速な広がりを見せています。国内外を問わず多くの企業の参入はもちろん、新たに大手企業が参戦するなど、市場は活況を呈しています。

　本書では、Microsoft Power Platformでの実績、知見を生かし、テクニカルアドバイザーとして、題材設定やアプリケーション作製の支援をさせていただきました。このソリューションは、Microsoft 365のライセンスでも使うことができるため、多くの職場で誰でも手軽に実践することができます。またMicrosoft Teamsとの相性も良く、拡張性に優れ、リモート環境での開発にも適しているため、本書を参考に、いくらでも利用の幅を増やしていくことができます。

「業務システムを内製化していきたい」
「ローコード開発でDXを促進し、効率的に業務改善をしたい」

　本書はこうしたニーズをお持ちの皆様の期待に応えてくれます。企業のデジタルシフトへの成功の一助となれば幸いです。

パーソルプロセス＆テクノロジー株式会社
システムソリューション事業部 DXソリューション統括部
モダンアプリソリューション部 一同

目次

第1章　Power Platformを使ったアプリ開発

第2章　Power AppsとSharePointで作るはじめの一歩

第3章　Power AppsとSharePointの基本

第4章　備品予約システムを作る

第5章　備品予約申請アプリの作成

第6章　承認フローの作成

第7章　Power BIで分析資料を作成する

第8章　Microsoft Teamsと統合する

第9章　部門内製アプリを成功させるために

Appendix

[注]　本書は執筆時点の情報に基づいており、お読みになったときには変わっている可能性があります。最新情報をご確認ください。また、本書を発行するに当たって、内容に誤りのないようできる限りの注意を払いましたが、本書の内容を適用した結果生じたこと、また、適用できなかった結果について、著者、出版社とも一切の責任を負いませんのでご了承ください。

[注]　Microsoft 365、Microsoft Power Platform、Microsoft Teamsは、Microsoft Corporationの米国およびその他の国における登録商標または商標です。

01

第1章
Power Platformを使った
アプリ開発

1-1 Power Platformとは

　Power Platformは、「ローコード」でアプリを開発できるプラットフォームです。ローコードとは、これまでよりも格段に少ないコードでアプリを作れる開発技法のことです。プログラムのコードを書いた経験がない人でも、ドラッグ＆ドロップ操作やウィザードによる自動生成機能などによって、ごく短期間でアプリ開発ができる──すなわち、未経験であっても少し操作を習得するだけで、誰でもアプリを作れます。そのため、従来なら外注していた業務アプリを、簡単なものであれば、IT知識がほとんどない各現場部門の人たちが作ることができます（**図表1-1**）。この章では、「Power Platformとは何か」「どのようにしてアプリを作っていけばよいのか」について説明します。

各現場部門が必要なものを作って、すぐに使える

図表1-1　Power Platformを使って各現場部門の人が自分でアプリを作成する

1-1-1　Power Platformの構成

　Power Platformは、マイクロソフト社が提供するオンラインサービスです。次の4つのサービスからなり、これらを組み合わせて、アプリを作っていきます（**図表1-2**）。

Power Apps
アプリ（操作画面）を作る

Power BI
データを集計・分析する

Power Automate
処理プロセスを作る

Power Virtual Agents
チャットボットを作る

図表1-2　Power Platformを構成する4つのサービス

（1）Power Apps

　カスタムアプリを作るサービスです。入力フォームの構築機能を提供し、ユーザーに情報を入力してもらったり、条件を基に検索したり、それらの結果を表示したりする機能を提供します。作ったアプリは社内外を問わずブラウザーで利用可能で、スマホで実行することもできます。

（2）Power Automate

　処理プロセスを自動化するツールです。何かのアクション（例えば、「ファイルが新規作成・変更・削除されたとき」「データが追加・変更・削除されたとき」「ネットワーク接続されたとき」「SlackやTeamsのチャネルに投稿があったとき」など）の後に、様々な処理ロジックを動かすことができます。承認フロー機能もあるため、「担当者に承認メールを送信し、承認されたら、ファイルを相手に送信する」といったワークフローを実現できます。

　Power Automateは処理プロセスを作るためのツールなので、「条件分岐」や「各種処理」を記述する必要がありますが、ローコードを目指しているためコードを書く必要はなく、いくつかある処理ブロックを並べるだけで済みます。承認メールの送信についても、あらかじめ、メールを送信する機能が備わっているため、それをはめ込むだけです。

（3）Power BI

　Power BIは、データの集計・分析ツールです。データを取り込んでグラフにしたり、表としてまとめたり、集計・分析したりできます。Power Appsで集めたデータを可視化・集計・分析する場面で活用できるツールです。

> **memo**　Power BIはサービスとしてだけでなく、Windowsのソフトウエアとしても単体で提供されており、Power Platformとは直接関係しないデータを処理することもできます。実際、Power Platformと関係ない処理（例えば、巨大なログデータの集計、別のシステムで集めたCSVデータの分析など）にPower BIを使っている人も多くいます。

(4)Power Virtual Agents

　チャットボットを簡単な手順で構築し、会話で様々な機能とつなげられるようにします。Teamsに組み込んで、チャットに何か投稿されたときに自動応答をしたり、Power Automateと組み合わせて、特定の依頼メッセージがあったときに処理を自動実行したりできます（本書では解説していません）。

1-1-2　Power Platformはデータ連係で処理する

　Power Platformは、データを中心に置き、そのデータを様々なツールで処理していくツール群です。本書では扱わない「Power Virtual Agents」を除外した「Power Apps」「Power Automate」「Power BI」について、その使い分けは、どのようにすればよいのでしょうか？　データを中心にまとめると、その処理の流れは、**図表1-3**に示すようになります。

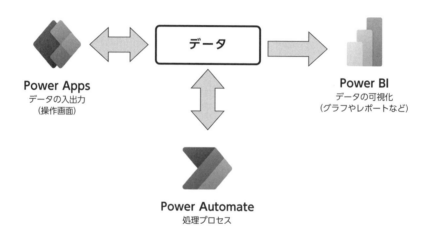

図表1-3　データを中心とした処理の流れ

　Power Appsはデータの入出力を、Power Automateは処理プロセスを、Power BIはデータの可視化を担います。注目したいのは次の2点です。

(1) Power BIは、可視化ツールであるため取り出し専用で、データを変更することはできません（**図表1-3**のPower BIに向かう矢印のみ片方向になっているのは、そういう意味です）。

(2) 処理プロセスを主に担当するのはPower Automateです。

　特に（2）は、Power Platformアプリを作る際、最初に押さえておきたいポイントです。Power Apps で処理プロセスを実装することもできますが、慣れるまでは、Power Appsは入出力を担当し、Power Automateが処理ロジックを担当するというように分担したほうが、混乱しません。例えば、「送信ボタンをクリックしてメールを送信する」というアプリを作りたい場合、画面上の送信ボタン部品はPower Appsで作りますが、送信ボタンがクリックされた後の処理は、Power AppsではなくPower Automateで作成するといった具合です。この場合、Power Appsがクリックされたというデータを設定し、データの変更に伴い、（Power Automateの）処理ロジックが実行されるように作ります（**図表1-4**）。このように、「Power Appsは画面に専念し、ロジックを書かない」「Power Automateでは画面をどうにかしようとしない」。最初のうちは、この原則に従うことで、Power AppsとPower Automateの使い分けに悩まなくなるはずです。

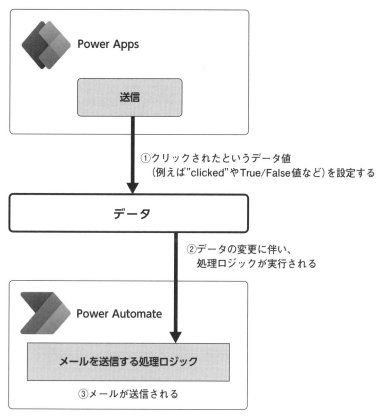

図表1-4　Power AppsとPower Automateの使い分け

1-1-3 疎結合だから開発の分担・改良・流用が容易

図表1-4で示したようにデータ連係で役割分担しているということは、それぞれの機能が疎結合であるということです。そのため、それぞれの機能は部分的に入れ替えが可能ですし、改良、流用も容易です。何より、開発の分担がしやすくなります。

詳しくは第9章で説明しますが、本書では、最終的にITに詳しいIT部門ではなく、さほどITに詳しくない各現場部門の人が自分でPower Platformアプリを作れるようになる、つまり「部門内製」を目指して解説します。たいていの場合、各現場部門の人がアプリ全体を作るのはとても困難です。特に処理ロジックを作るのは難しく感じるようですが、「画面の編集などはできる」というケースは意外と多いです。だとすれば、画面部分を各現場部門に任せ、処理ロジックはIT部門が担当するという分担であれば、IT部門が全部を作らなくても済みます。しかも各現場部門は、自分が使いやすいように、自在にカスタマイズできる利点もあります（**図表1-5**）。このような部門内製を本書では目指します。

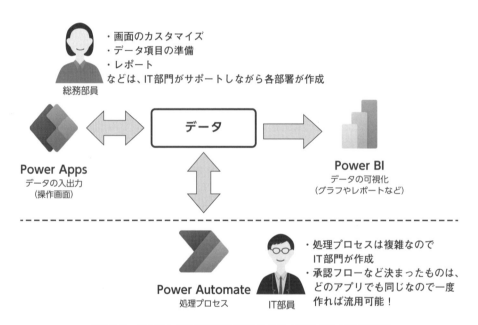

図表1-5　IT部門と各現場部門で担当を分けて開発する「部門内製」

1-2 Microsoft 365ライセンスで活用する Power Platform

　本書を読み進めていくと、「Power Platformは便利そう」ということがだんだんと分かってくると思いますが、便利だからといって、コストがかかり過ぎるのでは導入しにくいでしょう。Power Platformは、Power AppsやPower Automateなどの集合体なので、ライセンスやコストは、それぞれで異なります。もちろん、それぞれ個別に契約することもできるのですが、朗報があります。それは、Microsoft 365（もしくはOffice 365。以下同じ）を利用している場合、Power AppsおよびPower Automateの使用権が付いているのです。そのため追加費用なしに、Power Platformを利用できます。

> *memo*　ライセンスは変更される可能性があります。下記は、2022年2月時点の情報です。本書の内容が古くなる場合もあるため、最新の情報を確認してください。

> *memo*　本書は、Microsoft 365（Office 365）のライセンスの範囲内で使えるPower Platformの活用法を紹介します。ライセンスをお持ちでない場合は、無料試用版で試すことができます。「Office 365 E3」の無料試用版を使う方法は、本書のAppendixにて紹介しています。

1-2-1 Microsoft 365用 Power Apps/Power Automateの内容

　Microsoft 365に付属するライセンスは「Microsoft 365用 Power Apps/Power Automate」と呼ばれ、単体ライセンス（p.20のコラム「Power Apps/Power Automateの単体ライセンス」参照）に比べて、いくつかの制限があります。制限のうち、最も大きなものは、「プレミアムコネクタ」という機能が使えず、「標準コネクタ」と呼ばれる機能しか使えない点です。

　コネクタとは、Power Platformにおいて、他のサービスと接続するためのコンポーネントです。「データベースに接続する」「ネットワーク接続する」「メールを送信する」といった汎用的な接続の他、「Microsoft TeamsやSlackのチャネルに接続する」「OneDriveやGoogle Driveと接続する」といったWebサービスへの接続機能もあります。こうした機能の一部がプレミアムコネクタであるため、Microsoft 365に付属のライセンスでは連係できないサービスがあるということです。例えば、「SQL Server」や「MySQL」などのリレーショナルデータベースに接続するためのコネクタは、プレミアムコネクタなので利用できません。

とはいえアプリを部門内製するという程度の話であれば、プレミアムコネクタが必要となる場面は、ほとんどないはずです。実際、本書で扱う内容では、プレミアムコネクタを必要としていません。「Microsoft 365用 Power Apps/Power Automate」のライセンス内で利用できる範囲にとどめています。

> **memo** 様々なシステムやサービスと連係したいのであれば、別途、Power Apps/Power Automateの単体ライセンスを追加し、プレミアムコネクタを使えるようにしてください。「HTTPコネクタ」を使うと、Web APIを作ったり呼び出したりできるようになりますし、Salesforceのようなシステムと連係したり、Stripe(https://stripe.com/jp) のような決済サービスとの連係も実現でき、活用の幅が大きく広がります。

コラム Power Apps/Power Automateの単体ライセンス

　本書では、「Microsoft 365用 Power Apps/Power Automate」の範囲内で進めていきますが、単体ライセンスについても、簡単に紹介しておきます。

(1)Power Appsのライセンス
　Power Appsのライセンスは、「サブスクリプションプラン」と「従量課金プラン」の2種類に分かれます。「サブスクリプションプラン」とは、定額支払いプランです。「アプリごとのプラン」と「ユーザーごとのプラン」にさらに分かれ、前者は、アプリごと1ユーザー当たりの課金、後者は1ユーザーに対して無制限のアプリの課金です。「従量課金プラン」は、使っただけ支払うプランです。Azureサブスクリプションに基づくもので、「毎月、ユーザーが実行する個別のアプリやポータルの数」に応じて、使っただけ支払います。

(2)Power Automateのライセンス
　Power Automateのライセンスは、大きく、「ユーザーごとのライセンス」と「フローごとのライセンス」に分かれます。「ユーザーごとのライセンス」は、ユーザー数に応じて課金されるライセンスです。「フローごとのライセンス」は、ユーザー数を定めず、フロー(作成した処理プロセスのことです)単位で課金されるライセンスです。

　細かい部分は必要なときに調べればよいと思いますが、単純にユーザー数に応じたライセンスだけでなく、「アプリ単位」や「フロー単位」のライセンスもあるという点は、知っておくとよいでしょう。

1-2-2　SharePointリストを活用する

　図表1-3で説明したように、Power Platformはデータを中心としたサービス一式です。では、このデータの保存場所として、何を使えばよいのでしょうか。様々な考え方がありますが、部門内製を想定するなら、「SharePointリスト」を推奨します。その理由は、2つあります。

（1）「Microsoft 365用 Power Apps/Power Automate」の範囲で利用できる

　SharePointリストへの接続機能は、標準コネクタに含まれています。そのため、「Microsoft 365用Power Apps/Power Automate」の範囲内で利用できます。

（2）アプリを介さずにデータを直接修正できる

　SharePointリストは、Excelに似た表形式でデータを管理するツールです（データ型があるので、Accessのほうがより近いです）。そのため、簡単な操作でデータ構造を定義できますし、何より、その画面からデータの編集作業ができます。つまり、アプリからデータ修正するのに加え、アプリを介さず人が直接データを修正することもできます。

　例えば、ほとんど使うケースはないが、万一のときには必要な機能があったとします（実際、こういうケースは多いです）。そうした場合、「万一のとき」のためだけにアプリとして作るのは手間なので、そうした機能はアプリ化しないで手作業で対応できると便利です。SharePointリストならデータを直接修正できるので、そうしたことが可能です。SharePointリストにデータを保存しておけば、「よく使う機能だけをアプリ化して、残りは手作業で対応する」という作り方ができるのです。

1-3　部門内製アプリでDXを目指す

1-3-1　本書で想定したPower Platformの使い方

　企業にもよりますが、総務などの各現場部門には「不便だな」と思うことはいくつもあり、アプリ化したい案件がたくさんあるのが普通です。総務部などの各現場部門がこうしたアプリを自前で作ることができればよいのですが、Power Platformのようなローコード開発ツールを使っても、それは簡単ではないと思います。仮に部内でアプリを作ることができたとしても、システム開発のプロからしたら「後で困る」ような作り方をしてしまうこともあるでしょう。だからといって、すべてをIT部門で作成するのは現実的ではありません。

　そこで本書では、IT部門が先陣を切って開発してノウハウを蓄積し、そのノウハウを各現場部門にフィードバックすることで、簡単なものなら、（少しのIT部門の手助けはあるものの）各現場部門で作れるようにするのがよいのではないかと考えました。

1-3-2　本書で作成するシステム

　本書で作成するのは「備品予約システム」です。「システム」と「アプリ」という言葉が登場しました。本書では、いくつかの「アプリ」がまとまったものを「システム」と呼んでいるだけで、厳密に使い分けているわけではありません。

　想定はこうです。ある会社の総務部では、「机」「椅子」「プロジェクター」などの備品を、「誰が、どの期間に借りているのか」を台帳で管理しています。現在は、まったくデジタル化されておらず、紙の申請書を総務部に渡し、総務部がExcelのワークシートに入力するやり方をしています。これだと転記の手間やミスがありますし、現在の備品の残りがいくつあるか分からないという問題もあります。

　備品予約システムを作れば、備品の使用者が（紙の申請書ではなく）、画面から直接申請できるようになります。そうすれば転記の手間やミスも発生しません。予約された数だけ在庫を減らせば、現在、どれだけ予約が入っているのかも、すぐに分かります。Power Platformアプリはスマホからの操作もできるため、PCだけでなくスマホからも備品予約できます。まさに、いま流行の「DX」が実現できるわけです（**図表1-6**）。

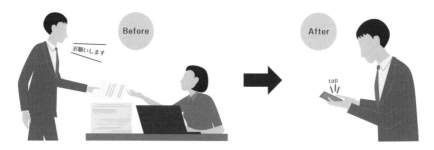

図表1-6　備品予約をデジタル化する

1-3-3　本書の想定読者と本書の流れ

　本書の想定読者は、社内で先陣を切って開発するIT部門の担当者です。ただし、初めてPower Platformに触れることを想定していますので、基本的なことから解説しています。第2章〜第8章は、IT部門がPower Platformでアプリを作る様子を示していきます。そして最後の第9章では、こうして1本目を作ったノウハウを生かして、どのようにすれば、各部門だけで作れるようになるのかを説明します。

　部門内のちょっとしたことを実装するアプリは、「手間をかけずに手早く作る」のがポイントです。一つずつ手間をかけて作るよりも、「すぐに使えるものをたくさん作る」ほうが、業務効率化に貢献します。Power Platformを活用すれば高度なこともできますが、本書では、あえて「誰でもできる範囲」「手が届く範囲」に抑えてあります。そのため作るアプリは、さほど性能がよくないかもしれませんし、不格好かもしれません。でも、それでよいのです。各部門の人が、自ら素早く作れるようになることが大事です。

　それでは次章から、実際に始めていきましょう。

02

第2章

Power AppsとSharePointで
作るはじめの一歩

2-1 この章で作るもの

Power Platformを理解するには、実際に何かを作って、慣れていくのが近道です。Power Platformには、データ構造に合わせた入力フォームを自動生成する機能があります。この章では、こうした自動生成機能を使って、備品の管理情報を編集できる機能を作っていきます。

本書を通じて作っていく「備品予約アプリ」の手始めとして、入力フォームを作って備品の管理情報を編集できるようにします。備品は、次の列を持つSharePointリストに保存するものとします。

- 「備品名 (bihinname)」：備品の名称です。SharePointリストの「タイトル列 (Title)」に相当します。
- 「総数 (total)」：備品の総数です。
- 「貸出可能数 (canuse)」：総数のうち、貸し出せる数です。
- 「画像 (添付ファイル)」：備品の画像です。この項目は、SharePointリストが既定で持つ「添付ファイル」の列に格納することにします。

そして、このSharePointリストを編集するフォームをPower Appsアプリとして作成します（**図表2-1**）。Power Appsには、データを選ぶと自動でアプリを作ってくれる機能があるので、この章では、その機能を使って作成します。**図表2-1**に示すように、この段階のアプリは、見栄えがよくありませんし、画像も表示されません。その修正をする方法については、第3章で説明します。

コラム SharePointリストのタイトル列

SharePointリストには、既定で「タイトル列 (Title列)」があります。データの見出しを示す列であり、この列は削除できません。「タイトル」という列名のままだとわかりにくいので、本書では、適宜、その用途に応じて列名を変更します。この章では「備品名」を格納する用途で使うため、「bihinname (備品名)」に変更します。タイトル列は少し特殊な列で、列名を変更しても、既定の「Title」という名称が使われてしまうことがあります。**図表2-1**において、SharePointリスト上は「bihinname」になっているのに、フォーム上の対応する入力欄が「Title」となっているのは、それが理由です。Power Appsに限らず、Power Platformなどから参照する場合も同様です。SharePointリストでは、「タイトル列の名前を変更してもTitleという名前で扱われる」と覚えておくとよいでしょう。

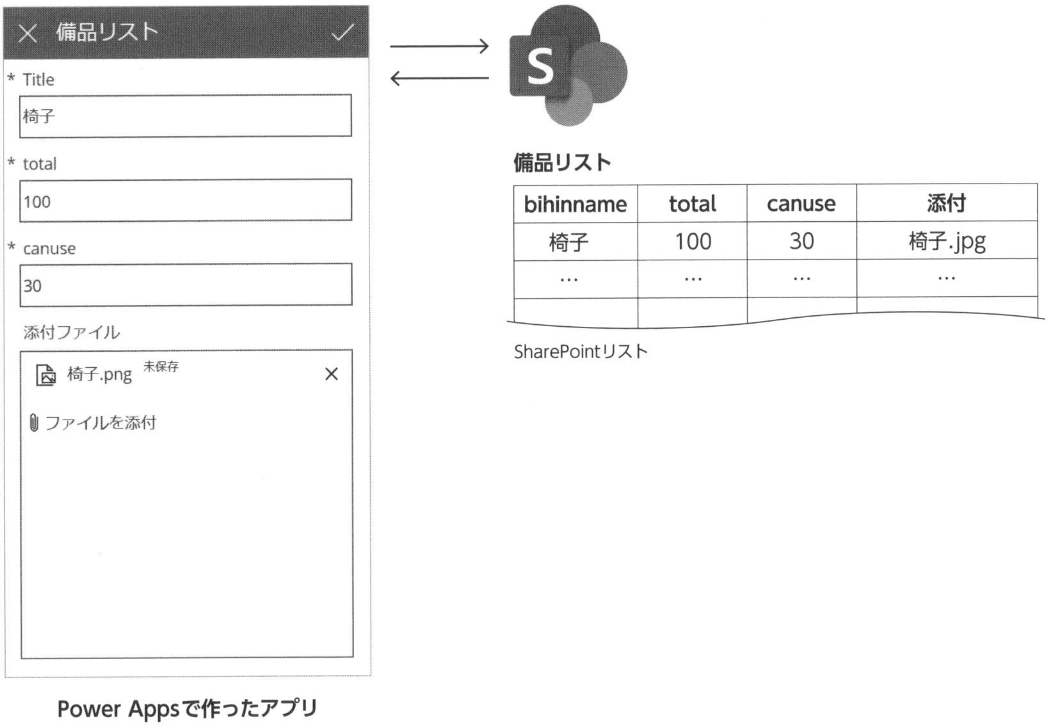

備品リスト
* Title
椅子
* total
100
* canuse
30
添付ファイル
椅子.png 未保存
ファイルを添付
Power Appsで作ったアプリ
備品リスト
bihinname total canuse 添付
椅子 100 30 椅子.jpg
… … … …
SharePointリスト

図表2-1　この章で作るもの

この章では、次の手順で作成します。

(1)SharePointリストの作成

備品情報を格納するSharePointリストを作成します。SharePointリストはSharePointサイトに属するため、先行してSharePointサイトも作ります。

(2)Power Appsアプリの作成

(1) のSharePointリストに登録したデータを編集できるPower Appsアプリを作成します。

この章は、細かい操作はひとまず置いておき、自動化できるところはできるだけ自動化して、最速で動くものを作るのが目的です。Power Appsアプリはデータ構造を基に入力フォームを自動生成する機能があるため、(1) のSharePointリストを作成すれば、(2) はほぼ自動で作れます。

2-2 SharePointリストの作成

それでは、始めましょう。まずは、備品情報を格納するためのSharePointリストを作ります。

2-2-1 SharePointサイトの作成

SharePointリストは、いずれかのSharePointサイトの中に作ります。SharePointサイトとは、SharePointで扱うデータに相当する「リスト」「ドキュメント」「予定表」などをひとまとめにする括りのことです。そこでまずは、こうしたデータの器となるSharePointサイトから作っていきます。

> **memo** ここでは新規のSharePointサイトを作りますが、既存のSharePointサイトにSharePointリストを作ることもできます。しかしそうすると分かりにくいため、本書では、本書専用のSharePointサイトを作って、そこに必要なSharePointリストを格納していくものとします。

手順 **SharePointサイトを作る**

[1] SharePointを開く

Microsoft 365ホーム（https://office.com/）の左上メニューから［SharePoint］をクリックして、SharePointを開きます（**図表2-2**）。

図表2-2　SharePointを開く

[2] サイトを追加する

［サイトの作成］ボタンをクリックします（**図表2-3**）。

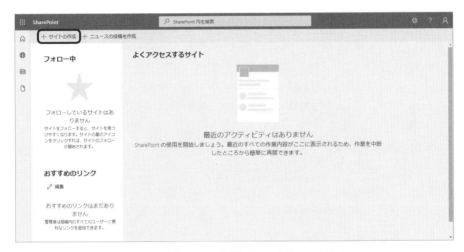

図表2-3 ［サイトの作成］ボタンをクリックする

[3] チームサイトを作る

SharePointには、「チームサイト」と「コミュニケーションサイト」があります。ここではチームサイトを作成します（**図表2-4**）。

(1) チームサイト

Microsoft 365グループに接続されているサイトを使って、ドキュメントの共有やチームとの会話、イベントの追跡などをします。チームサイトを作成すると、それと結び付けられたMicrosoft 365グループが作られ、そのグループにユーザーを参加させることで利用できるようになります。

(2) コミュニケーションサイト

画像やテキストなどが使われたテンプレートを使ってサイトを作ります。Microsoft 365グループは作成されません。

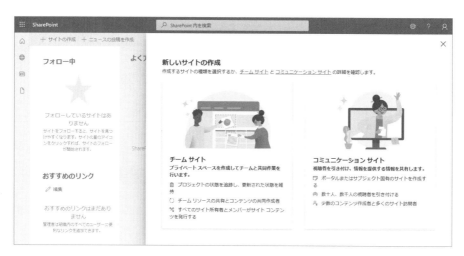

図表2-4　チームサイトを作成する

[4] サイト名などを設定する

サイト名などを設定します。任意の名称で構いませんが、ここでは「examplesite」というサイト名とします。サイト名に「examplesite」と入力すると、「グループメールアドレス」「サイトアドレス」は、同じものが設定されるので、ここでは変更せず、それらをそのまま採用します。「サイトの説明」は任意の説明文です。ここでは設定を省略します。

「プライバシーの設定」は、「誰がアクセスできるのか」の設定です。ここでは [プライベート・メンバーのみがこのサイトに……] を選び、メンバーだけがアクセスできるようにします。「言語の選択」は [日本語] を設定します。すべての設定をしたら [次へ] をクリックします（**図表2-5**、**図表2-6**）。

図表2-5　examplesiteというサイトを作成する

項目	意味
サイト名	サイトの名称です
グループメールアドレス	サイトに設定するグループのメールアドレスです
サイトアドレス	サイトにアクセスする際のアドレスです
サイトの説明	任意の説明文です
プライバシーの設定	誰がアクセスできるかの設定です。［プライベート］に設定すると、メンバーだけがアクセスできます。［パブリック］に設定すると、組織に属する全ユーザーがアクセスできます
言語の選択	既定のサイト言語です

図表2-6　サイト設定項目の意味

[5]　メンバーを追加する

　メンバーを追加します。［メンバーの追加］の部分に、「自分自身（管理者）」を追加してください。名前やメールアドレスを一部入力すると候補が表示され、そこから選べます（**図表2-7**）。必要があれば、同様の操作を繰り返し、このグループに属させたいユーザー（言い換えると、これから、このサイトの中に作るSharePointリストの操作権限を与えるユーザー）を追加しますが、ここでは、空欄のまま［完了］をクリックします。

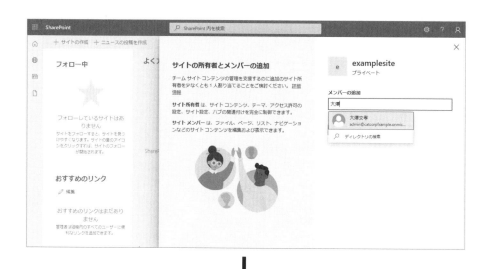

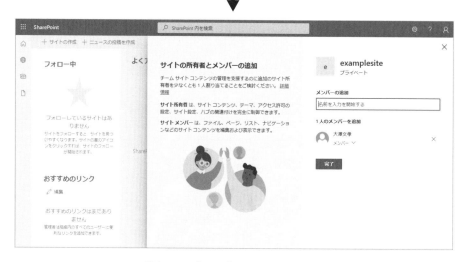

図表2-7 グループメンバーを設定する

[6] SharePointサイトができた

SharePointサイトができました。作成したSharePointサイト名が、左側に「examplesite」のように表示されていることが分かります（**図表2-8**）。

図表2-8　SharePointサイトができた

2-2-2 SharePointリストの作成

次に、このSharePointサイトに、SharePointリストを作成します。

手順 SharePointリストを作成する

[1] SharePointリストを新規作成する

［＋新規］ボタンから［リスト］をクリックします（**図表2-9**）。

図表2-9 リストを作成する

[2] 空白のリストを作成する

ここではまっさらな状態からリストを作るため、[空白のリスト] をクリックします（**図表2-10**）。

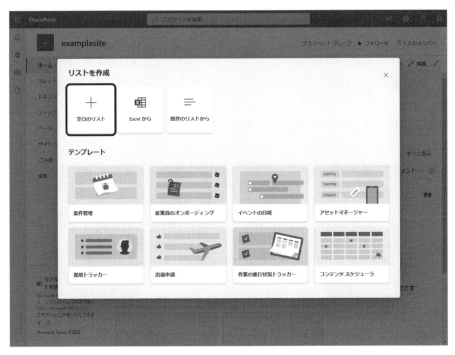

図表2-10　空白のリストを作成する

[3] リスト名を入力する

　リスト名を入力します。リスト名は、そのリストにアクセスするときのURLの一部にもなります。日本語名も可能ですが、そうすると、エンコードされたURLになるため、URLが分かりにくいものとなります。そこで、最初は英数字でリスト名を付けておき、あとから日本語に変更するのがよいでしょう。

　そこでここでは［リスト名］（画面の名称）をひとまず「bihin」とし、あとで「備品リスト」に変更することにします。［説明］は任意の説明文ですが、ここでの入力は省略します。［サイトナビゲーションに表示］は、左側メニューの「サイトナビゲーション」に、このリストを表示するかどうかです。どちらでもよいですが、ここではチェックを付けておきます（**図表2-11**）。

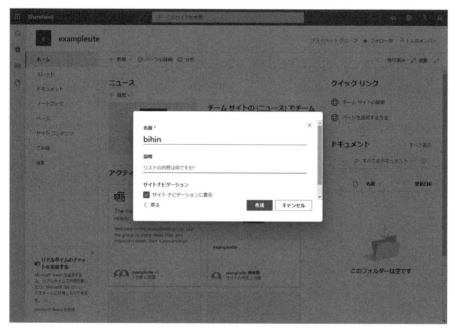

図表2-11　リスト名を入力する

[4] リスト名を変更する

bihinリストができました。左上の「bihin」と書かれている部分をクリックすると、名前を変更できるので、「備品リスト」に変更しておきます（**図表2-12**）。

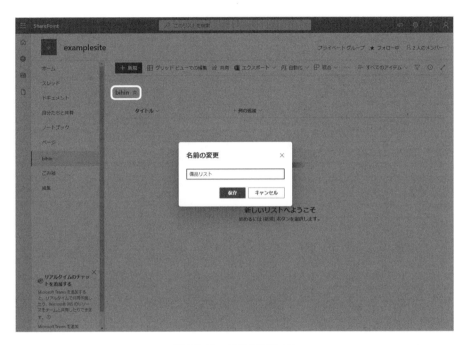

図表2-12　名前を変更する

完成したリストは、**図表2-13**に示すように、既定で「タイトル」という名前の列が一つだけ存在します。この右の［＋列の追加］をクリックすることで、列を追加できます。以降の手順で、ここに「備品名」「総数」「貸出可能数」「画像」の列を追加していきます。

図表2-13　作成された「備品リスト」

[5]　タイトルの列名を変更する

　SharePointリストをPower Platformで利用する場合、「列名」を英語に設定しておくべきです。その理由は、列名が日本語であるとエンコードされるため、列を参照する場面において、どの列を指定しているのかが、とても分かりにくくなるためです。そこでまずは、「タイトル」の列名を「bihinname」に変更します。列名を変更するには、列名が表示されている部分（ここでは［タイトル］）をクリックし、［列の設定］─［名前の変更］をクリックします（**図表2-14**）。

図表2-14　列名を変更する

「列名の変更」ダイアログが表示されたら、「bihinname」と入力して［保存］をクリックします（**図表2-15**）。

図表2-15　列名を入力する

　タイトルは、SharePointリストに必須の項目です。この項目を削除することはできません（削除はできませんが［列の表示／非表示］で、非表示にすることはできます）。ですからSharePointリストを作成する際は、ここでの操作のように、タイトル列を、入れたいデータの見出しとなるべき名称（ここでは備品名（bihinname））に変更して運用するのがよいでしょう。

[6] 数値列を追加する①

　列を追加します。［列の追加］をクリックすると、どのような列を追加するのかが表示されます。まずは「総数」から追加します。これは数値の列として作成します。［数値］を選択してください（**図表2-16**）。

図表2-16　数値列を追加する

　すると、名前や書式などの入力欄が表示されます。次の設定値を入力してください。下記の2項目以外は、既定のままとし、［保存］をクリックしてください（**図表2-17**）。

（1）名前

　列の名前を入力します。「total」と入力します。

(2) ［この列に情報が含まれている必要があります］

　［その他のオプション］をクリックすると、追加の設定項目が表示されます。総数が未入力であることは避けたいので、［この列に情報が含まれている必要があります］を［はい］にします。

図表2-17　総数の作成

[7]　数値列を追加する②

　同様に［列の追加］をクリックして［数値］を選択し、数値列をもう一つ追加します。ここでは「貸出可能数」（canuse）を追加します。ここでは次の2つの項目を設定します。下記の2項目以外は、既定のままとし、［保存］をクリックしてください（**図表2-18**）。

（1）名前

　列の名前を入力します。「canuse」と入力します。

（2）［この列に情報が含まれている必要があります］

　［その他のオプション］をクリックすると、追加の設定項目が表示されます。未入力であることを避けたいので、［この列に情報が含まれている必要があります］を［はい］にします。

図表2-18　貸出可能数の作成

[8] SharePointリストの完成

　以上で、操作は終わりです。「bihinname」「total」「canuse」の3つの列を持つSharePointリストが作成されました（**図表2-19**）。この一覧画面において［グリッドビューでの編集］ボタンをクリックすると、表形式で内容を編集できますが、本書は、SharePointリストでのデータ編集をするのが目的ではないの

で、ここでの説明は割愛します。

図表2-19　完成した備品リスト

2-3 Power Appsアプリを作る

　以上で、データの入れ物となるSharePointリストができました。次に、データを入力するフォームを
作っていきましょう。

2-3-1 SharePointリストを基にPower Appsアプリを作る

　Power Appsアプリを作るには、いくつかの方法がありますが、ここでは「データを基に、自動生成する」
という、手早く自動生成できる方法で作成します。

手順 **Power Appsアプリを作成する**

[1] Power Appsのサイトを開く

ブラウザーで下記のURLを開き、Power Appsのサイトを開きます。

【Power Appsのサイトを作る】

https://make.powerapps.com/

---

[2] データから開始する

Power Appsアプリは、「データから開始する方法」と「一から作成する方法」の2通りがあります。ここでは、前節で作成したSharePointリストを使って、ほぼ自動でPower Appsアプリを作ってみます。[SharePoint]をクリックしてください（**図表2-20**）。

図表2-20 SharePointリストから作成する

[3]　SharePointの場所を選択する

　SharePointと接続する方法が尋ねられます。ここで利用するSharePointリストはクラウド上にあるので、[直接接続 (クラウドサービス)] を選択して、[作成] をクリックします (**図表2-21**)。

図表2-21　SharePointの場所を選択する

[4]　SharePointサイトを選択する

　利用するデータが存在するSharePointサイトを選択します。[最近利用したサイト] に表示されていれば、それを選択してください。表示されていなければ、SharePointサイトのURLを入力してください (**図表2-22**)。

図表2-22 SharePointサイトを選択する

コラム SharePointサイトのURL

SharePointサイトのURLが分からないときは、SharePointのトップページを開き、上部の検索バーにて、すべてを示す「*」を入力して検索します。すると[サイト]タブに、存在するサイトの一覧と、URLが表示されます(**図表2-23**)。

図表2-23 SharePointサイトのURLを確認する

[5] SharePointリストに接続する

該当のSharePointサイトに含まれているSharePointリストが表示されます。ここでは前節で作成した［備品リスト］を選択し、［接続］ボタンをクリックします（**図表2-24**）。

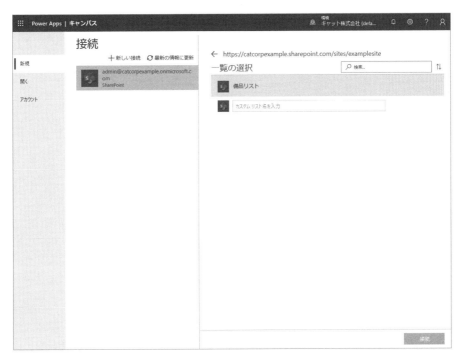

図表2-24　SharePointリストに接続する

[6] Power Appsアプリができた

SharePointリストの項目を入力するための入力フォームを持つPower Appsアプリが自動的に作成されます（**図表2-25**）。Power Appsアプリでは、アプリを編集する画面のことを「キャンバス」と呼びます（**図表2-25**のタイトルバーに「Power Apps | キャンバス」と表示されていることが分かります）。

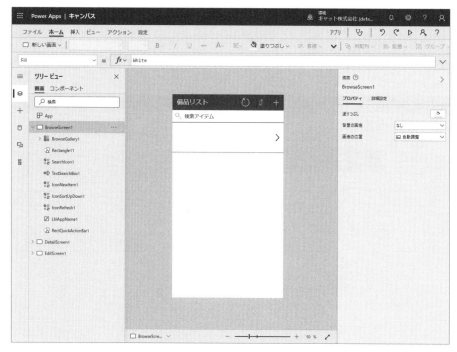

図表2-25　作成されたPower Appsアプリ（画面はBrowseScreen1 を示している）

[7]　名前を付けて保存する

　このアプリを保存しましょう。**図表2-25**において［ファイル］メニューをクリックすると、「名前を付けて保存」の画面が表示されます。ここで名前を入力して［保存］をクリックします。ここでは「備品入力アプリ」と名付けましょう（**図表2-26**）。保存先は、「クラウド」と「このコンピューター」がありますが、後者は、作成したアプリのバックアップを自分のPCに保存するためのものです。ここでは「クラウド」を選択してください。

図表2-26　名前を付けて保存する

2-3-2　Power Appsアプリの画面構造とツリービュー

Power Appsアプリには、ユーザーと入出力する「画面」がいくつかあります。この画面に情報を表示したり、画面を通じてデータ入力を受け付けたりします。自動生成されるアプリは、「(1) BrowseScreen1」「(2) DetailScreen1」「(3) EditScreen1」の3つの「画面」で構成されています。これは**図表2-25**に示した［ツリービュー］で確認できます。この章では、話を簡単にするため、この画面を編集することはせず、そのまま使いますが、次章以降でカスタマイズする際に必要な知識となるので、構造を理解しておいてください。Power Appsでは、ツリービューに表示されている「一番上の画面」が実行直後に表示されます。自動生成されたアプリでは、**図表2-25**に示したように「BrowseScreen1」が一番上に表示されているため、この画面が最初に表示されます。

> **memo**　想像できると思いますが、画面の見栄えの変更は、とても簡単です。「ラベル」や「テキストボックス」などは、マウスで自在に動かして、その位置を変えられます。大きさや色の変更も容易です。興味がある人は、少し変更して、それに伴い、実行結果が変わることを確認するとよいでしょう。

（1）BrowseScreen1

　一覧表示画面です。**図表2-25**に掲載したレイアウトは、この画面です。この画面と接続されている「備品リスト」には、まだデータの登録をしていませんが、もし、データが登録されていれば、（後述するプレビューだけでなく、このキャンバスの編集画面上でも）この一覧に、「備品名（bihinnameですが、タイトル列を変更したものなのでTitleと表示されます）」の他、「総数（total）」や「貸出可能数（canuse）」に相当する部分が表示されます。この画面のヘッダーには、［ ⟳ ］［ ↕ ］［ ＋ ］の3つのボタンがあります。それぞれの意味は、［再読み込み］［並べ替え］［新規追加］です。

（2）DetailScreen1

　詳細画面です。**図表2-25**で、項目をクリックしたときに表示されます。［ツリービュー］から［DetailScreen1］をクリックしてその内容を確認すると、**図表2-27**のように「Title」「total」「canuse」の3つの項目が追加されていることが分かります。この画面のヘッダーには、［ 🗑 ］（ごみ箱）と［ ✎ ］（鉛筆）の2つのボタンがあり、それぞれ、項目の「削除」と「編集」の操作ができます。

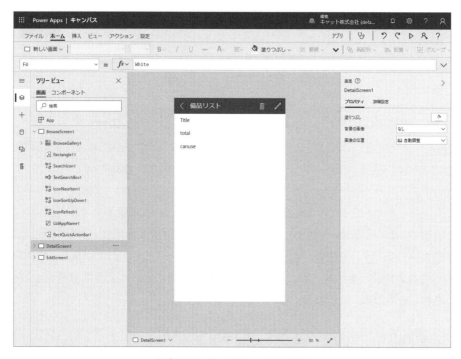

図表2-27　DetailScreen1の内容

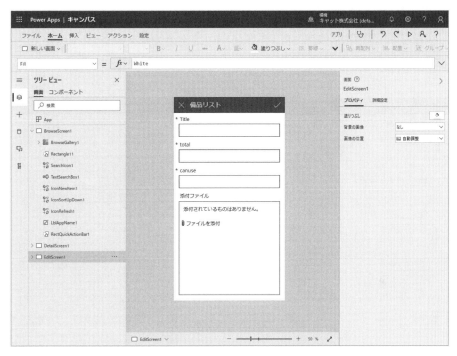

（3）EditScreen1

編集画面です。**図表2-25**に示した一覧表示画面の［新規追加］や**図表2-27**に示した詳細画面の［編集］
のボタンがクリックされたときに表示されます。［ツリービュー］から［EditScreen1］をクリックして
その内容を確認すると、**図表2-28**のように、それぞれの項目を入力するテキストボックスが配置されて
います。画像は「添付ファイル」として扱う仕組みです。右上の［ ✓ ］ボタンは、保存するボタンです。

図表2-28　EditScreen1の内容

> *memo*　作成したSharePointリストでは、明示的に添付ファイルの列を作成していませんが、SharePoint
> リストには暗黙的に添付ファイルの列が含まれていて、添付ファイルアップロードの仕組みがあ
> ります。添付ファイルの機能を使わないのなら、画面上から削除しても構いません。

2-4 アプリのプレビュー

では、ほぼ自動で生成された、このPower Appsアプリを実行してみましょう。

2-4-1 プレビューを実行する

キャンバスの右上の三角のボタン（[▷] ボタン）がプレビューボタンです。このボタンをクリックすると、アプリが実行されます（**図表2-29**）。

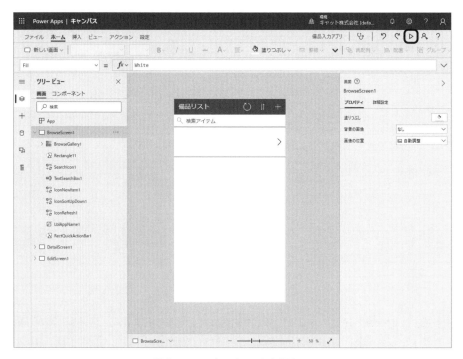

図表2-29　プレビューを実行する

2-4-2 プレビュー画面における新規作成・編集・削除の流れ

実際にプレビューを実行すると、このアプリの動作を確かめられます。備品の登録や編集、削除を一通り操作してみましょう。

手順 作成したアプリを一通り操作する

[1]　新規作成する

実行直後は、結び付けられているSharePointリスト——ここでは備品リスト（bihin）——の一覧が表示されています。備品リストには、まだ一つもデータを登録していないので、一覧には何も表示されません。[＋] をクリックして、新規作成操作を始めます（**図表2-30**）。

図表2-30　新規作成操作を始める

[2]　新しい備品を登録してみる

新規作成の画面が表示されます。[Title] [total] [canuse] は、それぞれSharePoint列の列名ラベルです。画像は、添付ファイルとして登録できます。適当な備品項目や添付ファイルを入力し、右上の [✓] ボタンをクリックします（**図表2-31**）。

> *memo*　SharePointでは備品名の列名をbihinnameに変更していますが、これはもともとタイトル列であるため、（bihinnameではなく）「Title」という列名ラベルが付きます。これはタイトル列の特殊事情です。

図表2-31　新しい備品を登録する

> **memo**　画像は、［ファイルを添付］ボタンをクリックするか、ドラッグ＆ドロップで指定できます。

[3]　登録された

　製品が登録されると、一覧画面に戻ります。一覧画面には、いま登録したデータが表示されることが分かります（**図表2-32**）。追加した備品（画面では「椅子」）をクリックしてみましょう。

図表2-32　備品が追加され一覧に表示された

[4] 詳細が表示された

詳細が表示されます（**図表2-33**）。[✐] ボタンをクリックすれば再編集できますが、ここでは編集しないでおきます。ヘッダーの [＜] ボタンをクリックすると、一覧に戻れます。

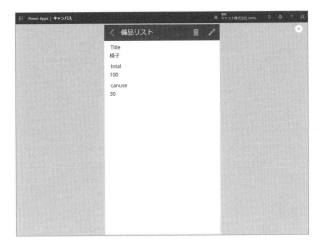

図表2-33　詳細が表示された

[5] いくつか追加する

同様の操作をして、いくつか備品を追加してみてください。

> *memo*　この備品リストは、次章以降でも使うので、この段階で、数個の適当なデータを入力してください。

[6] 削除する

削除についても確認してみます。**図表2-33**の画面において [🗑] ボタンをクリックすると、削除できます。既定では削除操作の確認はなく、クリックすれば、すぐに削除されます。

[7] エラーを確認する

総数（total）や貸出可能数（canuse）は、[この列に情報が含まれている必要があります] を [はい] にしているため、未入力は許されません。また備品名は、もともとタイトルを変更したもので、SharePointリストでは、タイトルの未入力も許されません。こうした項目が未入力のまま [✓] ボタンをクリックすると、エラーが表示されることを確認しておきます（**図表2-34**）。エラーが表示されたときは、もちろん、SharePointリストには登録されません。

図表2-34　未入力のときはエラーが表示された

[8]　プレビューを終了する

　動作テストが一通り終わったら、プレビューを終了しましょう。右上の［×］ボタンをクリックします（**図表2-35**）。すると、Power Appsのキャンバス画面に戻ります。

図表2-35　プレビューを終了する

2-5 Power Appsアプリを閉じる

ひとまず、ここでの動作確認は終わりとします。Power Appsアプリのキャンバスを閉じましょう。[ファイル] をクリックし、[閉じる] をクリックすると、キャンバスが閉じます(**図表2-36**)。

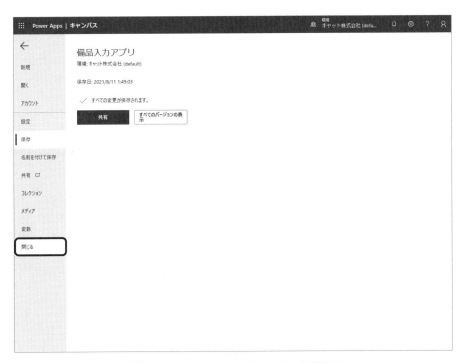

図表2-36　Power Appsのキャンバスを閉じる

コラム　**Power Appsのキャンバスを開く**

Power Appsのキャンバスを閉じると、Power Appsのトップページが表示されます。トップページの [アプリ] タブをクリックすると、アプリの一覧が表示されます。再びアプリをキャンバスで開いて編集するには、アプリ名の横の [···] ボタンをクリックし、[編集] を選択します(**図表2-37**)。

図表2-37 ［編集］をクリックすると、再びキャンバスで編集できる

2-6 SharePointリストを開いて確認する

最後に、入力した備品がSharePointリストに登録されているかを確認します。

手順 **SharePointリストを確認する**

［1］ SharePointを開く

Microsoft 365のホームの左上メニューから［SharePoint］をクリックして、SharePointを開きます。

［2］ SharePointサイトを開く

SharePointサイトを開きます。**図表2-38**に示すように、「よくアクセスするサイト」に表示されているのであれば、それをクリックします。

図表2-38 「よくアクセスするサイト」から開く場合

　もし見つからないときは、検索窓に、すべてを示す「*」（もしくは「examplesite」など、実際のサイト名もしくはその一部）を入力して検索します。検索結果の［サイト］タブに、サイト一覧が表示されるので、その中から選択します（**図表2-39**）。

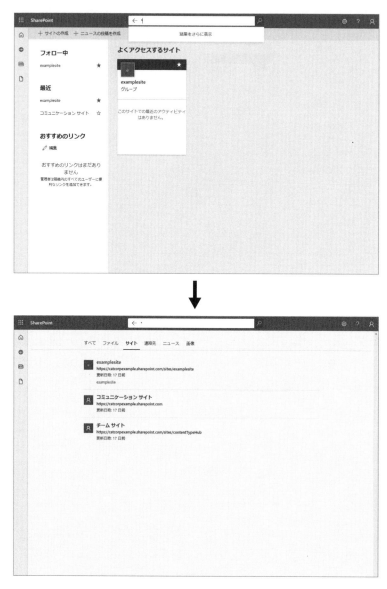

図表2-39　検索して開く場合

[3] SharePointリストを開く

この章で作成したSharePointリストは、［サイトナビゲーションに表示］にチェックを付けているため（前掲の**図表2-11**を参照）、左側のナビゲーションメニューからクリックして開くことができます（**図表2-40**）。

図表2-40　ナビゲーションメニューから操作する場合

　もしここで見つからない場合は、［サイトコンテンツ］をクリックします。すると［コンテンツ］タブに、「備品リスト」が表示されるので、それをクリックして開きます（**図表2-41**）

図表2-41　サイトコンテンツから開く場合

[4] 登録されたデータを確認する

リストが開いたら、Power Appsアプリで入力したデータが保存されていることを確認します（**図表 2-42**）。

図表2-42　登録されたデータを確認する

図表2-42を見ると分かるように、添付ファイルは、この一覧画面からは見えません。添付ファイルは、詳細から確認します。リストのタイトル（「椅子」「机」などと表示されている部分）をクリックすると詳細が表示されます。詳細の［添付ファイル］の欄で、アップロードされたファイルを確認できます（**図表2-43**）。

02

図表2-43　詳細を確認したところ

2-7 自動生成されたアプリの課題

　以上で、SharePointリストとPower Appsを使った、データ入力アプリは完成です。実際、これだけの手順で、SharePointリストにデータを入力できるので、「Excelワークシートと同様なものを、SharePointリストで作って、そこに各自が入力してもらう」というようなアプリであれば、これで十分なはずです。

　とはいえ、自動生成されたものということもあり、いくつか課題もあります。例えば、次のようなものです。

- ラベル名が「Title」「total」「canuse」など、SharePointリストの列名となっている。この部分を「備品名」「総数」「貸出可能数」など、日本語に変更したい。
- アップロードした画像が表示されない。画面にサムネイルを表示するようにしたい。
- 削除操作したときに、いきなり消えてしまうのは怖いので、削除確認メッセージを出すようにしたい。
- エラーメッセージが分かりにくい。日本語が分かりにくいだけでなく、「Title」「total」「canuse」な

どの列名が表示されていて、いっそうのこと、分かりにくくしている。
- 総数（total）と貸出可能数（canuse）の大小関係のチェックをしていない。本来、「総数 >= 貸出可能数」であるべきだが、この条件を満たさない任意の値を設定できてしまう。

こうした課題は、次章で修正していきます（修正できないものもあります）。

2-8 まとめ

この章では、Power Platformでアプリを作る場合の基本事項を説明しました。次のことが分かったはずです。

（1）データの保存場所はSharePointリストとして作る

データはSharePointリストとして構成します。そして入力させたい項目を列として追加します。あとでPower Automateから操作することを考えて、列名は英語で付けます。

（2）データから開始する

Power Appsアプリを作るとき、SharePointリストを選ぶと、一覧表示や入力の画面が、自動で作られます。

（3）エラーチェックはSharePointリストで定めたルールに基づく

この章では、作成したPower Appsアプリを一切、変更していませんし、何らかの処理ロジックも用意していません。処理ロジックを用意していなくとも、一覧や入力、削除といった基本的な操作ができます。データを更新（追加も含む）する場合、SharePointリストで設定されているルールに基づきます。［この列に情報が含まれている必要があります］を［はい］にしていれば、未入力のときはエラーが表示され、保存できません。

いくつかの課題があるものの、簡易な入力をするだけのアプリであれば、これだけで十分という場面も多いのではないでしょうか。SharePointリストは、Excelと同様に縦横の表でデータを定義するものですから、PCの知識が少しある人なら、誰でも、ここまでは作れるはずです。

03

第3章

Power Appsと
SharePointの基本

3-1 この章の目的

前章では、SharePointリストを選ぶことで、ほぼ自動で、Power Appsを使ったデータの閲覧・編集のアプリを作ってきました。この章では、自動で生成されたPower Appsの構成を見ながら、全体の構造を知り、簡単な画面のカスタマイズ方法を習得していきましょう。

この章では主に、Power AppsとSharePointを組み合わせて、「データの入力部分」「表示部分」を作る際のポイントを説明します。基本的な操作方法はもちろん、添付ファイルを画像として表示するなど、よくあるフォームの構成例、それから、入力エラーのチェックを説明します。

この章で説明した内容は、第4章以降で、実際にアプリを作るときに操作します。ですから、この章の内容は、実際に操作しなくても構いません（実際に操作しなくても第4章以降に進むことができます）。まずは軽く眺めて第4章に進み、操作に迷ったときは、この章にまた戻ってきてください。

3-1-1 画面カスタマイズの基本

Power Appsでは、「画面」に対して「ラベル」「ボタン」「テキストやチェックボックス、ドロップダウンリストのような入力項目」「画像」など、様々な部品を配置して作成していきます。こうした部品のことを「コントロール」と言います。［挿入］メニューには、様々なコントロールがあり、選択するとコントロールを画面に追加できます。

画面上でコントロールを選択すると、右側に、そのコントロールの「プロパティ」が表示され、コントロールの大きさや位置、フォント、色などを設定できます。プロパティ画面には、さらに細かい設定をする［詳細設定］タブもあります。そして左側には［ツリービュー］があり、それぞれのコントロールの階層構造が表示されています（**図表3-1**）。

図表3-1 画面カスタマイズの基本

3-2 第2章で作成した画面のカスタマイズ

3-2-1 自動生成された画面を確認する

前章で作成したアプリの画面構成を、ツリービューで確認してみましょう。自動生成された「BrowseScreen1」は、アイテムの一覧を表示する画面で、登録されたデータ分だけ繰り返し表示される構成になっています。繰り返し表示するには、「ギャラリー」と呼ばれるコントロールが使われています。ツリービューに表示されている「BrowseGallery1」が、ギャラリーコントロールです。データを表示するラベルコントロールなどは、ギャラリーコントロールの配下に存在しています（**図表3-2**）。ツリービューの表示順は、コントロールの「並び順」も示しています。上に表示されているものほど、手前に表示されます。

> ***memo*** 順序を変更したいときは、コントロールを右クリックし、［再配列］メニューから、［前面へ移動］［背面へ移動］を選択して操作します。

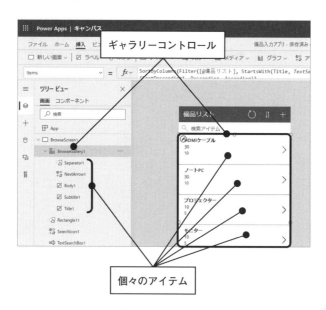

図表3-2 繰り返し構造

3-2-2　詳細設定と数式

　[プロパティ] タブに表示されている項目は、コントロールに対するプロパティのうち、主要なものの抜粋です。設定可能なすべてのプロパティは、[詳細設定] タブにあります。**図表3-3**に、備品名を表示している「Title1」という名前のラベルを選択し、[詳細設定] タブを表示したときの画面を示します。[詳細設定] タブには、「アクション」「データ」「デザイン」など、いくつかの項目があり、それぞれ「動作（イベント）が発生したときの挙動」「結び付けるデータの列」「見栄え」などを設定します。

図表3-3　詳細設定

▌数式バー

　プロパティの値は、[プロパティ] タブや [詳細設定] タブから設定する他、キャンバスの上部の「数式バー」から設定することもできます（**図表3-4**）。どちらから設定しても同じです。長い設定値は、数式バーから設定したほうが、操作しやすいでしょう。

図表3-4　数式バーで値を設定する

Power Fxで値を設定する

　「数式バー」という名称から分かるように、Power Appsにおいて、設定値は「数式」として設定します（[数式バー]に限らず、[プロパティ]や[詳細設定]から設定する場合も同様に「数式」として設定します）。この数式は、式だけでなく変数なども利用できる「数式言語」として構成されており、「Power Fx」と呼びます。Power Appsはローコードプログラミングであるため、コードを記述するまとまった場所はありません。代わりに、すべての処理を、このPower Fxで定められた数式として記述します。言い換えると、Power Appsにおいて、何か処理を記述できるのは、数式バーの「右辺」（プロパティや詳細設定の設定値）だけです。それ以外の場所に、何か処理を書ける仕組みはありません。

> ***memo*** これは単一の命令しか実行できないという意味ではありません。Power Fxでは複数の命令を連続して実行する書き方もできます。また条件分岐の数式もあるため、簡易なプログラミングは可能です。しかしそうした機能を使い過ぎると怪奇なものとなり、複雑化します。複雑な処理は、Power Appsではなく、Power Automateに任せるのがよいでしょう（Power Automateについては、第6章で説明します）。

3-2-3 テキストの表記を変更する

プロパティを編集する例を示しましょう。自動生成された画面では、備品名の下に表示されている2つの数値が何を指しているのか分かりにくいので、「総数●個」「貸し出し可能数●」のように変更してみます（**図表3-5**）。

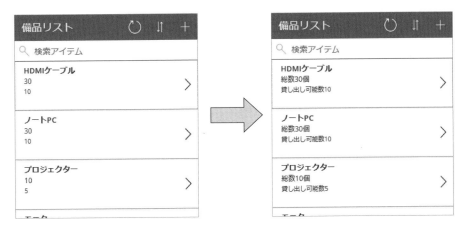

図表3-5　テキストの表記を変更する

手順 **テキストの表記を変更する**

[1]　数値を表示しているラベルコントロールを選択する

数値を表示しているラベルコントロールをマウスでクリックして選択します。ここでは「Subtitle1」という名前のコントロールです。ラベルコントロールは、Textプロパティに表示されている値を文字列として表示します。Textプロパティを確認してみると、「ThisItem.total」となっていることが分かります。

ThisItemは、その名称通り、「このアイテム」という意味で、上位ツリーのコントロールが繰り返し表示している「現在のデータ項目」を指しています。「ThisItem.total」は、そのデータ項目の「total列」という意味です。前章でSharePointリストとして構成した「備品リスト」では、total列は総数を格納する目的で使っています。ですから、ここには総数が表示されます（**図表3-6**）。

図表3-6　ラベルコントロールのTextプロパティを確認したところ

[2] 「総数●個」の形に変更する

このTextプロパティの値を変更して、「総数●個」の形式に変更します。そのためには、次の式を設定します。この式は、数式バーで設定しても構いませんし、詳細設定から設定しても構いません（**図表3-7**）。

```
"総数" & ThisItem.total & "個"
```

ここに示したように、文字列全体は、ダブルクォーテーション（"）で囲み、文字列を結合するには「&演算子」を使います。このあたりの書き方は、VBAに慣れている人は、分かりやすいかもしれません。

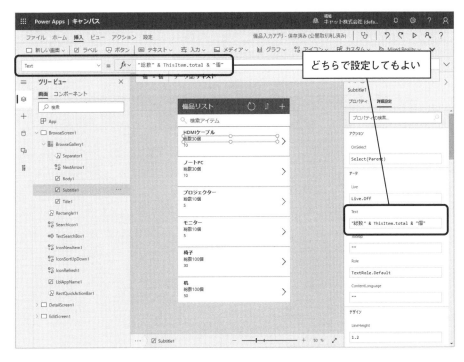

図表3-7　Textプロパティに式を設定する

[3] プレビューして確認する

図表3-7を見ると分かりますが、プロパティを変更した時点で、キャンバス上で表記が変わります。もちろんプレビューで実行したときも、正しく変更されています（**図表3-8**）。

図表3-8　プレビューでも変更が適用されている

[4]　貸し出し可能数についても変更する

　貸し出し可能数を表示しているBody1というコントロールについても、同様に、次のようにTextプロパティを変更します（**図表3-9**）。

```
"貸し出し可能数" & ThisItem.canuse
```

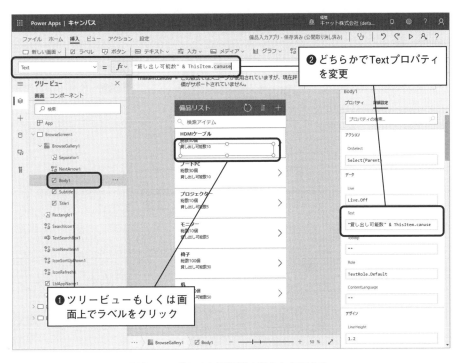

図表3-9　貸し出し可能数の設定も変更する

コラム **接続先のSharePointリストの列を変更したとき**

　接続先のSharePointリストの列名を変更したり、列を追加・削除したりしても、それはPower Appsにはすぐには反映されません。そのため、SharePointリストの列を変更した直後に、その列を参照するとエラーになることがあります。SharePointリスト（もっと汎用的に言えば、接続しているデータソース）を反映させるには、左側のメニューから［データ］を開き、表示されているデータソースの［最新の情報に更新］をクリックしてください（**図表3-10**）。

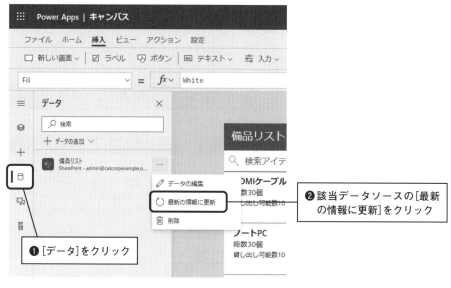

図表3-10 最新の情報に更新する

3-3 コントロールを追加して添付ファイルとしてアップロードされた画像を表示する

さて、もう少し、画面の見栄えを整える話をしていきます。次に実装したいのは、「添付ファイルの表示」です。前章では、[添付ファイル]の部分をクリックすることでファイルをアップロードできると説明しました。実際にアップロードすると、SharePointリストの[添付ファイル]に格納されていることが分かります。しかし詳細ページには添付ファイルが存在するようには見えず、[編集]ボタンをクリックして編集画面を表示したときに、初めて分かります(**図表3-11**、**図表3-12**)。

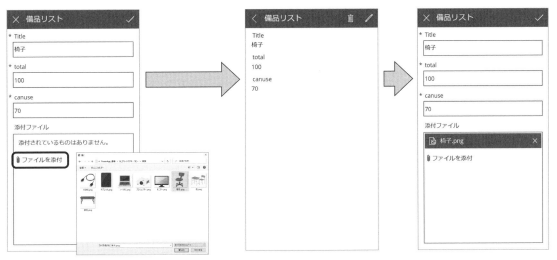

[ファイルを添付]からファイルを添付できる

添付しても表示されない。
右上の[編集]（ ✎ ）をクリック

添付したファイルを確認でき
る。クリックすればファイル
をダウンロードできる

図表3-11　Power Appsにおける添付ファイルの操作

一覧では、添付ファイルの存在を確認できない

タイトルの部分をクリックして詳細画面
に遷移すると、[添付ファイル]のところに
保存されているのが分かる

図表3-12　SharePointリストを確認すると添付ファイルとして登録されている

3-3-1 詳細ページに添付ファイルの画像を表示する

まずは詳細ページに、添付ファイルとしてアップロードされた画像を表示できるようにしてみます。アップロードされた画像すべてを、詳細ページに表示するようにします（**図表3-13**）。

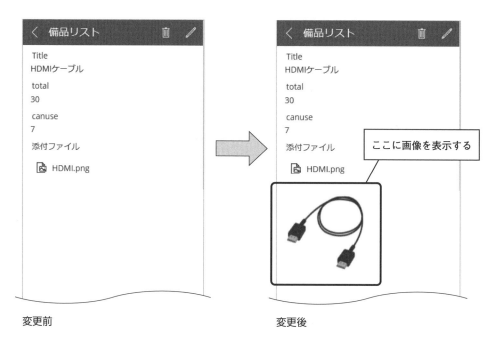

変更前　　　　　　　　　　　　　　　　　　変更後

図表3-13　詳細ページに添付ファイルの画像を表示する

▍添付ファイルを表示する

まずは、添付ファイルをリンクとして表示し、そのリンクをクリックするとダウンロードできるようにするやり方を説明します。このやり方は、比較的簡単です。

手順　詳細ページに添付ファイルの画像を表示する

[1]　詳細画面を開く

前章でSharePointリストを選んで自動生成した場合の詳細画面は、「DetailScreen1」です。［ツリービュー］から、このコントロールをクリックして開きます（**図表3-14**）。

図表3-14　詳細画面を開く

[2]　添付ファイルのフィールドを表示する

　詳細画面には「DetailForm1」というフォームコントロールが配置されています（フォームコントロールとは、ユーザーの入力を受け取る一式のコントロールです）。このフォームに、添付ファイルを表示するようにします。DetailForm1をクリックして選択し、［プロパティ］にある［フィールドの編集］をクリックします。そして［＋フィールドの追加］をクリックし、［添付ファイル］にチェックを付け、最後に［追加］をクリックします（**図表3-15**）。

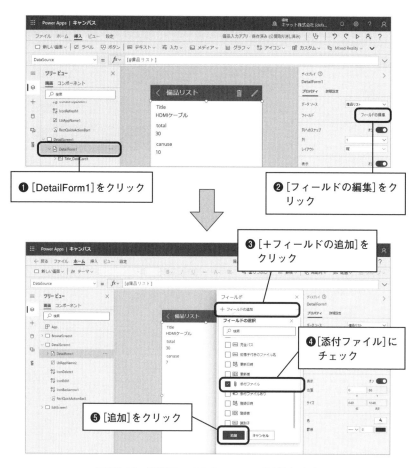

図表3-15　添付ファイルのフィールドを追加する

[3]　添付ファイルのコントロールが追加された

　添付ファイルのコントロールが追加され、添付ファイルがリンクとして表示されます。ツリービューで、追加されたコントロールの名前を確認しておきましょう（この例では「添付ファイル_DataCard2」です）。このコントロールは、あとでサムネイル表示するときに必要になります（**図表3-16**）。

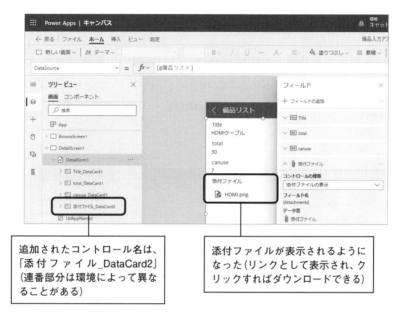

図表3-16　添付ファイルが表示された

サムネイルとして表示する

この状態でもリンクをクリックすることでファイルとしてダウンロードできますが、さらに欲張って、サムネイルも表示するようにしてみましょう。

Power Appsにおいて画像を表示するコントロールは、「画像コントロール」です。しかし画像コントロールを直接貼り付けても、添付ファイルは表示できません。これは、添付ファイルは複数付けることができるため、リスト構造（配列構造）になっており、それを表示するためには展開するためのコントロールが必要であるためです。

Power Appsには、リスト構造を展開して表示するための「ギャラリーコントロール」があります。例えば、データを表形式で出力する際などに使うもので、すでに3-2-1で説明しています。添付ファイルをサムネイルとして表示するには、一度、ギャラリーコントロールで添付ファイルを展開して、それを画像コントロールで表示するという手順をとります。少し複雑ですが、その手順は、次の通りです。

> **memo** これと同じ手順は、実際に、本書を通じて構築するアプリの中で、改めて操作します（5-2-6）。そのため、ここでは下記の操作はせずに、操作手順を見て、原理だけを理解するというので構いません。

添付ファイルをサムネイル表示する

[1]　サムネイルを表示する準備としてギャラリーコントロールを追加する

　詳細画面である［DetailScreen1］が選択された状態で、［挿入］メニューから［ギャラリー］を選択します。ギャラリーコントロールには、いくつかの種類があります。ここでは［高さ（伸縮可能、空）］を選択します（**図表3-17**）。

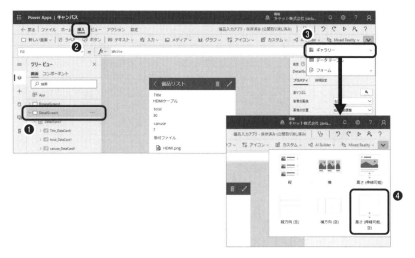

図表3-17　ギャラリーコントロールを追加する

[2]　ギャラリーコントロールが追加された

　ギャラリーコントロールが追加されます。データソースの選択が表示されますが、次の手順で、「いま詳細画面で表示されている添付ファイル」から引っ張ってくるように設定するので、選択の必要がありません。右上の［×］をクリックして、そのまま閉じてください（**図表3-18**）。

> **memo**　図表3-18のようにデータソースを尋ねられるのは、ギャラリーコントロールの主な使い方が、データソースを選択して、その中身を表示するのが目的であるためです。ここでの手順のように、サムネイル表示に用いるのは、例外的な使い方です。

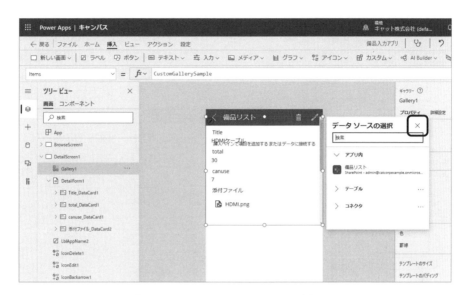

図表3-18　ギャラリーコントロールが追加された

[3]　参照するデータを設定する

　ギャラリーコントロールのItemsプロパティに対して、「展開したいリストの値」を設定すると、その内容が展開して表示されるようになります。つまり、Itemsプロパティに対して、「添付ファイル」を設定すると、その添付ファイルが展開されるというわけです。ツリービュー上で、先ほど、**図表3-16**で確認した添付ファイルのコントロールを展開すると、「DataCardValueXX」という名前のコントロールがあります（XXの値は環境によって異なります）（**図表3-19**）。このコントロールのAttachmentsプロパティを、ギャラリーコントロールのItemsプロパティに対して設定します（**図表3-20**）。

図表3-19　添付ファイルコントロールの配下を確認する

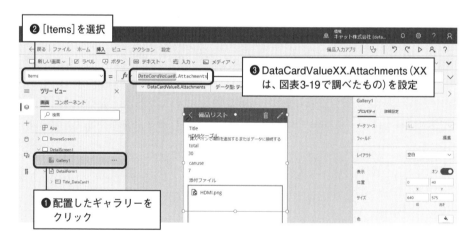

図表3-20　ギャラリーコントロールの表示対象として添付ファイルを設定する

[4]　画像コントロールを挿入する

　このギャラリーコントロールの配下に、画像コントロールを配置します。まずはギャラリーコントロールを選択し、左上の［鉛筆］のアイコンをクリックして、編集状態にします（**図表3-21**）。そして［挿入］メニューから［メディア］―［画像］を選択します（**図表3-22**）。

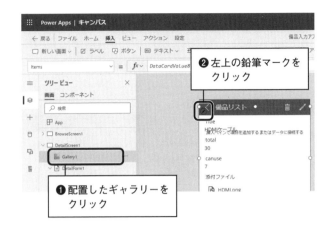

図表3-21　編集状態にする

図表3-22　画像コントロールを追加する

[5]　表示する画像を設定する

　画像コントロールが追加されました。ツリービューでギャラリーの配下に入ったことを確認してください（**図表3-23**）（もし入っていなければ、ギャラリーコントロールを編集状態にしないで画像コントロールを追加した可能性があります。追加した画像コントロールを削除してやり直してください）。

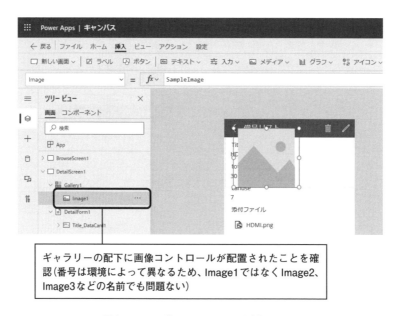

ギャラリーの配下に画像コントロールが配置されたことを確認（番号は環境によって異なるため、Image1ではなくImage2、Image3などの名前でも問題ない）

図表3-23　画像コントロールが追加された

　次に、この画像コントロールに表示する画像を設定します。画像コントロールは、Imageプロパティに設定した値を画像として表示します。つまり、Imageプロパティに対して、ギャラリーコントロールで展開された添付ファイルの値を設定すれば、それが画像として表示されます。

　ギャラリーコントロールで展開されているそれぞれのアイテムの値は、「ThisItem.Value」で取得できます。そこでImageプロパティに、この値を設定します。すると、もしSharePointのデータに添付ファイルが設定されていれば、この時点で、画像として表示されます（**図表3-24**）。

---

memo ImageプロパティにThisItem.Valueを設定しようとしたとき、「現在評価がサポートされていません」という警告が表示されますが、問題ありません。

図表3-24　Itemプロパティを設定する

[6]　ギャラリーコントロールや画像コントロールの位置を変更する

図表3-24に示したように、画像が登録されていれば、すぐに表示されます。配置したギャラリーコントロールや画像コントロールをマウスで好きな位置に動かして、レイアウトを調整してください（図表3-25）。

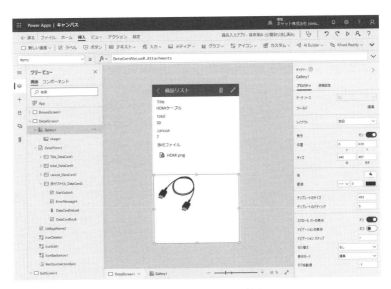

図表3-25　表示の位置を調整する

3-3-2 一覧ページに添付ファイルの画像を表示する

同様にして、一覧のページにも、添付ファイルを画像として表示してみましょう。考え方は同じです。

手順 一覧のページに画像を表示する

[1] 一覧ページを開く

前章のようにSharePointリストから作成した場合、一覧ページは「BrowseScreen1」として構成されています。そこでまずは、一覧ページである[BrowseScreen1]をツリービューからクリックして開きます。

[2] ギャラリーの配下に新しいギャラリーを追加する

一覧ページには、すでにギャラリーコントロールが配置されており、データソースとして設定したデータ（本書の例では、SharePointリストです）を一つずつ展開して出力する構成になっています。そこで、このギャラリーコントロールの配下に、添付ファイルの画像を表示するためのギャラリーを設定します。つまり、「すでにあるギャラリーコントロールの配下に新しく添付ファイルを表示するためのギャラリーコントロールを作る」という、入れ子の構造を作ります。

具体的な手順としては、すでにあるギャラリー（BrowseGallery1）をクリックして選択しておき、左上の鉛筆のマークをクリックして編集状態にします。その状態にしておいて[挿入]メニューから[ギャラリー]を選択します。ギャラリーの種類は、何でも構いませんが、ここでは見やすさを考えて[横方向（空）]とします（**図表3-26**）。

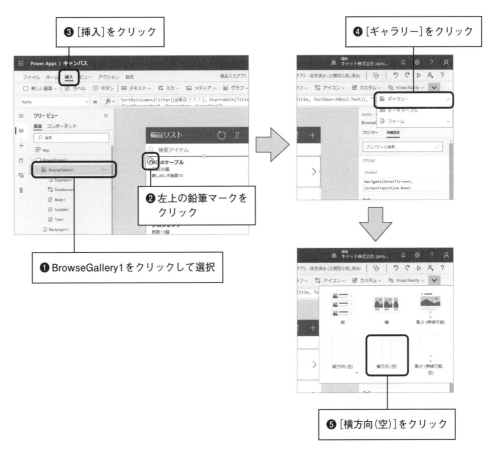

図表3-26　ギャラリーを追加する

[3]　ギャラリーが参照するデータを設定する

　ギャラリーが追加されます。データソースの選択が表示されますが、[×]をクリックして閉じます。
ギャラリーが添付ファイルを参照するように構成します。Itemsプロパティに、次の値を設定します（**図表3-27**）。

```
ThisItem.添付ファイル
```

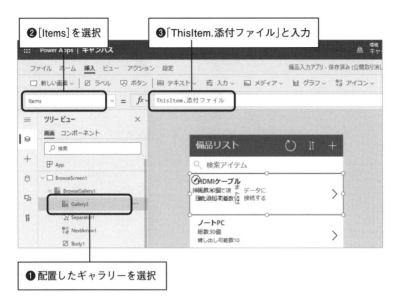

図表3-27 Itemsプロパティが添付ファイルを指すように設定する

[4] 画像コントロールを追加する

作成されたギャラリーの左上の鉛筆マークをクリックして編集可能状態にしてから、[挿入] メニューから [画像] を選択し、画像コントロールを追加します（**図表3-28**）。

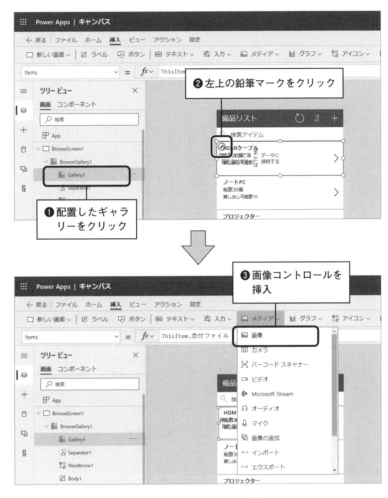

図表3-28　画像コントロールを挿入する

[5]　表示する画像を設定する

　画像コントロールが追加されました。ツリービューでギャラリーの配下に入ったことを確認してください（もし入っていなければ、ギャラリーコントロールを編集状態にしないで画像コントロールを追加した可能性があります。追加した画像コントロールを削除してやり直してください）。この画像コントロールに表示する画像をImageプロパティに設定します。設定すべき値は、先ほどと同様、「ThisItem. Value」です。SharePointリストに添付ファイルが設定されていれば、その画像がすぐにサムネイル表示されます（**図表3-29**）。

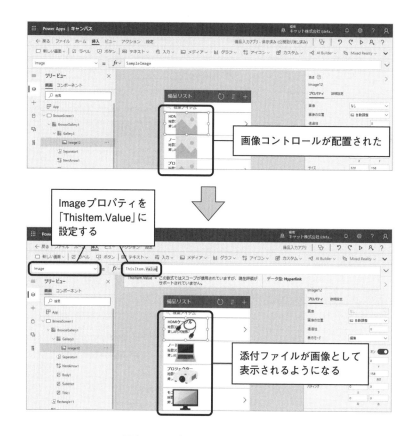

図表3-29　表示する画像を設定する

[6]　画像の位置を調整する

あとは微調整です。配置したギャラリーコントロールや画像コントロールをマウスで好きな位置に動かして、レイアウトを調整してください（**図表3-30**）。

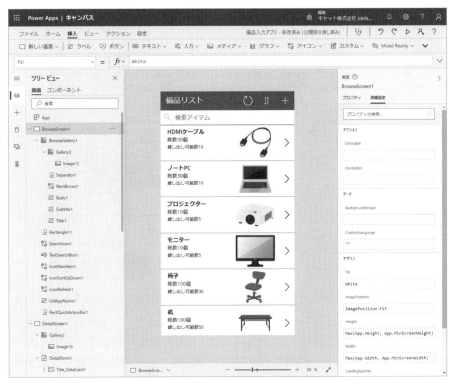

図表3-30　表示の位置を調整する

3-4　アクションとメッセージ表示

Power Appsでは、「状態が変わった」ときに、Power Fxの数式を実行できます。こうした状態が変わる事象のことを「アクション」と呼びます。例えば、「画面が表示された（表示される直前）」「画面が隠れた（隠れた直後）」「ボタンやアイテムなどが選択された（クリックされた）」などのアクションがあります。

3-4-1　アクションの基本

アクションは、「Onイベント名」というプロパティに設定します。実際に、設定内容を見てみましょう。例えば一覧ページ（BrowseScreen1）の［＋］ボタンを見てみましょう。このOnSelectプロパティを確認すると、次の数式が設定されていることが分かります（**図表3-31**）。

```
NewForm(EditForm1);Navigate(EditScreen1, None)
```

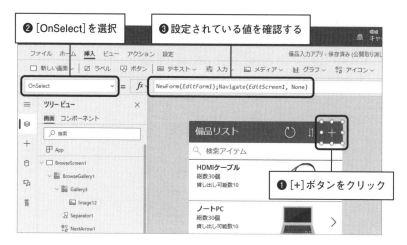

図表3-31　[＋] ボタンのOnSelectプロパティに設定されている数式

Power Fxの式は「;」（セミコロン）をつなげることで、複数の数式を記述できます。この場合、先頭から順に評価（実行と同義です）されます。つまり、この設定された式であれば、次の2つの数式が順に評価されます。

（1）NewForm(EditForm1);

NewFormは、カッコの中に指定したフォームコントロールを新規入力状態にします。カッコの中に指定する値のことは「引数（ひきすう）」と呼びます。「新規入力状態にする」とは、現在、テキストボックスに設定されている値を空にして、既定値を表示した状態にするということです。保存操作をするときは、既存のデータの編集ではなく、新規登録として動作するようにもなります。引数に指定しているEditForm1は、ツリービューで確認すると分かりますが、編集画面であるEditScreen1に貼り付けられている入力用のフォームです（**図表3-32**）。

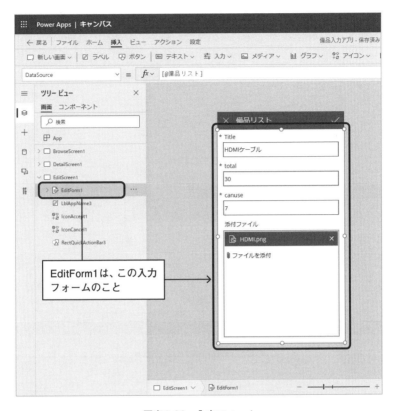

図表3-32　入力フォーム

（2）Navigate(EditScreen1, None)

1番目の引数に指定した画面を表示します。ここでは「EditScreen1」を指定しているので、これが
ユーザーに表示されます。2番目の引数に指定しているNoneは表示する際のアニメーション設定です。
Noneを指定すると即座に切り替わりますが、指定する値によっては、アニメーションして、じわじわ
と表示するような効果も出せます。

このように、Power Appsでは、「何かクリックされたとき」に、何か処理をしたいのであれば、
OnSelectプロパティに、その処理をする数式を記述するというのが、基本的なやり方です。

3-4-2　ボタンがクリックされたときにメッセージを表示する

　前章では、課題として「削除操作したときに、いきなり消えてしまうのは怖いので、削除確認メッセージを出すようにしたい」を挙げました。この節では、この課題をクリアしたいと思います。具体的には、[削除] ボタンをクリックしたときに、「削除してよろしいですか？」というメッセージを表示するようにします。いきなりその実装をすると分かりにくいので、はじめに、「削除しますとメッセージ表示して、何もしない」というところまでを実装してみます（**図表3-33**）。メッセージを表示するには、Notify関数を使います。

図表3-33　[削除] ボタンをクリックしたときにメッセージを表示する

手順　**[削除] ボタンがクリックされたときにメッセージを表示する**

[1]　[削除] ボタンのOnSelectプロパティの値を控えておく

　詳細ページ（DetailScreen1）を開き、[削除] ボタンをクリックして選択します。OnSelectプロパティに設定されている値をこれから書き換えますが、あとで使うので、その内容をメモ帳などのテキストエディタにコピペしておきます（**図表3-34**）。

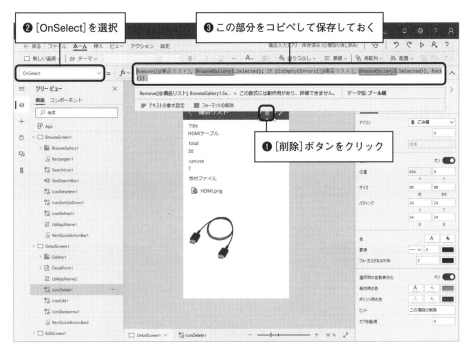

図表3-34　[削除] ボタンのOnSelectプロパティの値を控えておく

ちなみに既定で入力されている値は、次の通りです。

```
Remove([@備品リスト], BrowseGallery1.Selected); If (IsEmpty(Errors([@備品リスト], BrowseGallery1.Selected))
, Back())
```

これは「;」でつながった構文で、次の2つの処理を順に実行します。

（1）Remove([@備品リスト], BrowseGallery1.Selected)

　Removeは引数（カッコ内の値）に指定したアイテムを削除する命令です。Selectedは「現在選択されているアイテム」（表示されているアイテム）です。そのため、この命令によって、アイテムが削除されます。

（2）If (IsEmpty(Errors([@備品リスト], BrowseGallery1.Selected)), Back())

　Ifは「条件が合致したときだけ実行する」という命令です。Errors[@備品リスト]は、備品リストというリストに対して発生しているエラー一覧を示します。IsEmptyはそれが空かどうかを確認します。つ

まり、総合すると、「エラーがなかったら」という意味です。Back()は「前のページに戻る」という命令です。すなわち（1）の削除命令のあと、エラーがなかったら、前のページに戻るという意味です。詳細ページは、一覧ページにある、それぞれのアイテムの [>] ボタンをクリックして開かれているので、ここで言う前のページとは、「一覧ページ」のことを示します。

[2] メッセージを表示するように変更する

OnSelectプロパティに、次の値を設定します（**図表3-35**）。

```
Notify("削除します")
```

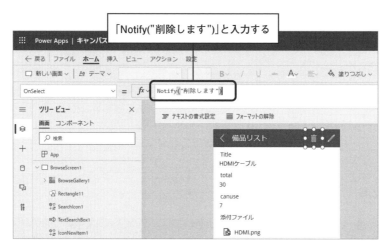

図表3-35　Notify関数を記述する

以上で変更完了です。保存してテストし、[削除] ボタンをクリックすると、画面には「削除します」と表示されるはずです（前掲の**図表3-33**を参照）。また、削除処理のコードをNotify関数に変えたので、もう削除されないはずです。

コラム　Notify関数のオプション

Notify関数には、「メッセージの種類」と「表示時間」を指定することもできます。

```
Notify(メッセージ, メッセージの種類, 表示時間)
```

　メッセージの種類は、「情報」(NotificationType.Information)、「成功」(NotificationType.Success)、「警告」(NotificationType.Warning) のいずれかの値で、既定は「情報」です。指定の種類によって、表示されるバナーのアイコンや色が変わります。表示時間は、表示する時間です。ミリ秒 (1000分の1秒) の単位で設定します。既定は10000 (＝10秒) で、この時間を経過すると自動的に消えます。「0」を設定すると、ユーザーが明示的に [×] ボタンをクリックするまで、消さないようにできます。

3-4-3　[はい][いいえ] の確認をとる

　さて、この話をさらに進めて、ユーザーが [削除] ボタンをクリックしたときに、[はい][いいえ] のボタンを表示して、[はい] をクリックしたときだけ削除するという動作にしていきたいと思います。そのためには、Notify関数で表示するメッセージに [はい][いいえ] などのボタンを付けられるのがよいのですが、残念ながら、Notify関数には、そうした機能はありません。そこで、[はい][いいえ] の画面自体も、自分で作る必要があります。

[はい][いいえ] を持つ画面を作る

　まずは、[はい][いいえ] を持つ画面を作ります。これはラベルとボタンで構成します。

手順　**[はい][いいえ] を持つ画面を作る**

[1]　ラベルを配置する

　[挿入] メニューから [ラベル] (もしくは [テキスト] ― [ラベル] でも同じ) をクリックしてラベルを設置します (**図表3-36**)。

図表3-36　ラベルを配置する

[2]　ラベルの大きさと色を調整する

　以下では、このラベルの上に、[はい] [いいえ] のボタンを配置します。そこで、適当な大きさに変更します。またプロパティの [色] から、背景色を「白」に設定しておきます（**図表3-37**）。

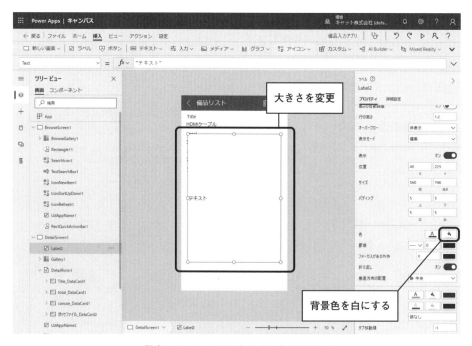

図表3-37　ラベルの大きさと色を調整する

[3] メッセージを変更する

ラベルのテキスト（Textプロパティ）を「削除してよろしいですか？」に変更します。好みで文字の大きさや配置などを変更してもよいですが、ここでは、そのままにしておきます（**図表3-38**）。

図表3-38　メッセージを変更する

[4] ボタンを配置する

ボタンを配置します。［挿入］メニューから［ボタン］をクリックします（**図表3-39**）。

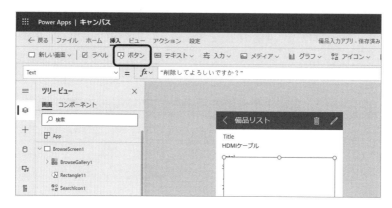

図表3-39　ボタンを配置する

[5]　ボタンを移動してテキストを変更する

ボタンの位置を移動して、テキスト（Textプロパティ）を「はい」に変更します（**図表3-40**）。

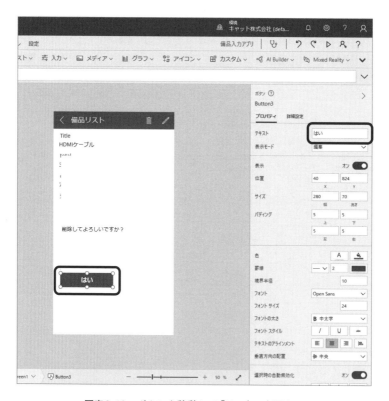

図表3-40　ボタンを移動して「はい」に変更する

[6] ［いいえ］ボタンを配置する

同様にして、［挿入］メニューから［ボタン］をクリックして、もう一つボタンを配置します。こちらのテキストは「いいえ」に変更して、［はい］の右側に置きます（**図表3-41**）。

> **memo** ［はい］ボタンをコピペすることで［いいえ］ボタンを作っても構いません。より分かりやすくするには、［はい］ボタンと［いいえ］ボタンの色を、それぞれ違うものに変更するとよいでしょう。

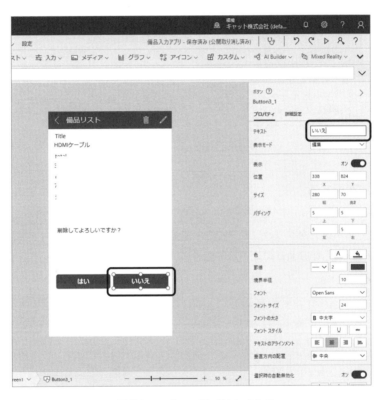

図表3-41 ［いいえ］ボタンを作る

[7] グループ化する

このようにして作成した「ラベル」「［はい］ボタン」「［いいえ］ボタン」をグループ化して一つにします。［Ctrl］キーを押しながらコントロールをクリックすると複数選択できるので、これら3つを選択します。選択したら右クリックして［グループ］を選択してグループ化します（**図表3-42**）。

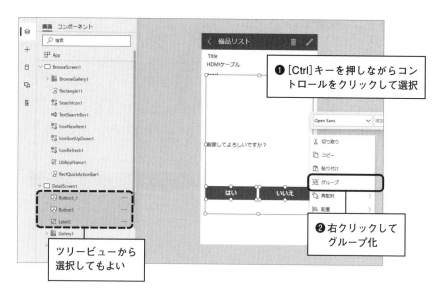

図表3-42　グループ化する

[8]　グループ名を変更する

ツリービューを見ると、「Group1」というグループができ、その下に階層化されたことが分かります。このグループ右の［…］ボタンをクリックし［名前の変更］を選択して、グループ名を変更しておきます。ここでは「messagelabel」という名前に変更しておきます（**図表3-43**）。

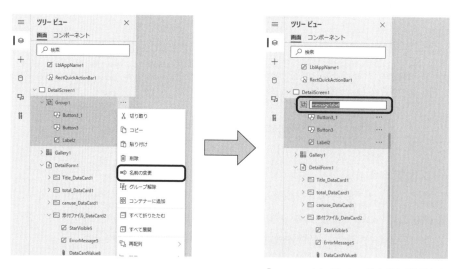

「messagelabel」という名前に変更する

図表3-43　グループ名を変更する

▎確認画面を表示したり消したりする

　画面ができたので、続いて処理を実装していきます。まずは、確認画面を表示したり消したりする、次の2つの処理から実装しましょう。

（1）［削除］ボタンがクリックされたときにメッセージを表示する

　［削除］ボタンがクリックされたときにメッセージを表示します。ここまでの手順では、メッセージやボタンを含むグループに、messagelabelという名前を付けてあります。コントロールには、表示・非表示を切り替えるVisibleプロパティがあり、trueにすると表示、falseにすると非表示になります。そこで、messagelabelのVisibleを最初はfalseにしておいて、［削除］ボタンがクリックされたときにをtrueに設定するという処理を書きます。

（2）［いいえ］ボタンがクリックされたときにメッセージを閉じる

　メッセージが表示されたあと、［いいえ］ボタンをクリックしたときには、メッセージが閉じるようにします。messagelabelのVisibleをfalseに設定すれば非表示になります。

▎変数を経由してプロパティを変更する

　このように書くと、（1）（2）、それぞれの処理で、messagelabelのVisibleプロパティをtrueやfalseに設定するという命令を実際に書けばよさそうですが、Power Appsでは、Power Fxの数式として、これを記述できません。代わりに、messagelabelに何か適当な変数を設定しておいて、［削除］ボタンや［はい］／［いいえ］ボタンがクリックされたときには、この変数を変更するという方法を採るのです。変数とは、一時的に値を保存できる機能です。変数の名前は何でもよいですが、例えば「kakunin」という変数名にすると、**図表3-44**のようなイメージで処理します。

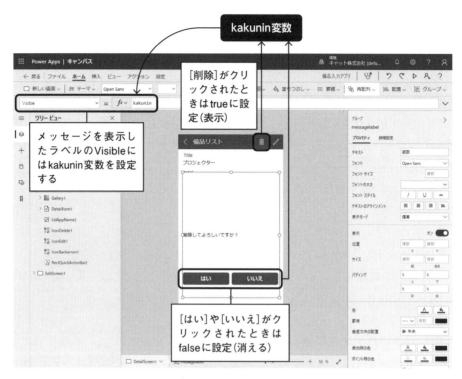

図表3-44　Visibleプロパティは変数を経由してアクセスする

　私たちが最初にすべき作業は、Visibleプロパティに変数（ここでは「kakunin変数」）を設定すること
です。多くのプログラミング言語では、変数を使うには、最初に宣言（使う変数名を提示すること）や
初期化（最初に入れておく値を設定すること）が必要ですが、Power Appsではそうしたことは必要な
く、書くだけで使えます。つまり、次の手順のように、messagelabelのVisibleプロパティを「kakunin」
に変更するだけです。

手順　messagelabelのVisibleプロパティを「kakunin」に変更する

[1]　Visibleプロパティを「kakunin」にする
　図表3-45に示すように、messagelabelグループを選択し、Visibleプロパティを「kakunin」に設定しま
す。この時点では、まだkakunin変数を操作する命令が一つもないのでエラーになりますが、無視して
ください。

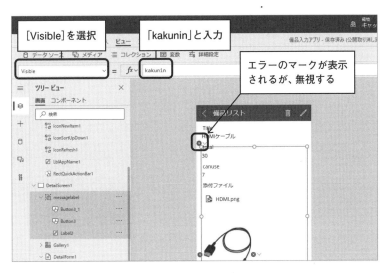

図表3-45　messagelabelのVisibleプロパティを「kakunin」に変更する

[削除][いいえ]ボタンで、確認画面を表示したり消したりする

次に、[削除]や[いいえ]ボタンで、確認画面を表示したり消したりする処理を実装していきましょう。

手順　**[削除]や[いいえ]ボタンで確認画面を表示したり消したりする**

[1]　[削除]ボタンのOnSelectプロパティを変更する

[削除]ボタンのOnSelectプロパティで、変数「kakunin」の値を「true」にする命令を書きます。変数の値を変更するには、次のいずれかの書き方をします。

【グローバル変数】

```
Set(変数名, 値)
```

または

【コンテキスト変数】

```
UpdateContext({変数名: 値})
```

両者の違いは、「すべての画面で有効（グローバル変数）」か「その画面だけで有効な変数（コンテキス

ト変数)」かの違いです。ここでは、他の画面でこの変数を使うことはないので、コンテキスト変数で
よく、「UpdateContext」を使うことにします。ここでは、kakuninをtrueにしたいので、次のように記
述します（**図表3-46**）。

> **memo** UpdateContext関数では、UpdateContext({変数名: 値, 変数名: 値, …}) のように、カンマで区切っ
> て、複数の変数を設定できます。Set関数にはそうした機能はないので、複数の変数を設定した
> いときは、Set(変数名, 値); Set(変数名, 値);…のように、「;」（セミコロン）で区切って設定します。

> **memo** この時点でkakunin変数が「使われた」ことになるので、図表3-45に示した、Visibleプロパティに
> 関するエラーが解消されます。

```
UpdateContext({kakunin: true})
```

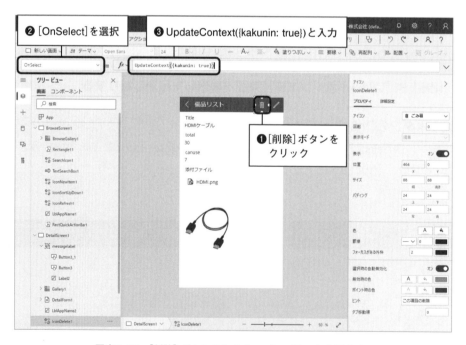

図表3-46 ［削除］ボタンのOnSelectプロパティを変更する

[2] [いいえ] ボタンのOnSelectプロパティを変更する

[いいえ] ボタンのOnSelectプロパティの値を、次のように変更します。[いいえ] ボタンは画面上では見えないので、ツリービューから、[テキスト] の値が「いいえ」に設定されているものを探すとよいでしょう（**図表3-47**）。

```
UpdateContext({kakunin: false})
```

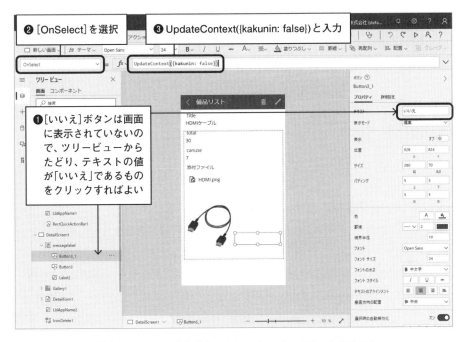

図表3-47　[いいえ] ボタンのOnSelectプロパティを変更する

以上で、[削除] ボタンをクリックしたときに確認メッセージが表示され、[いいえ] ボタンをクリックしたときは、何もせずにメッセージが閉じるというところまでできました。ここで保存してテストし、動作確認してみてください（**図表3-48**）。

❶ [削除] ボタンをクリック

❷ メッセージが表示される

❸ [いいえ] をクリックする
とメッセージが消える

図表3-48　[削除] ボタンをクリックすると、[はい] [いいえ] を確認するメッセージが表示される

▌[はい] ボタンがクリックされたときにアイテムを削除する

　最後に、[はい] ボタンがクリックされたときにアイテムが削除されるようにします。それには、[はい] ボタンのOnSelectプロパティに、先ほど控えておいた、もともとの [削除] ボタンに書かれていたコードを、そのまま貼り付けます。ただし、そのままだと表示されたメッセージが消えないので、その処理をする前に「UpdateContext({kakunin: false});」の一文を入れます。

手順　[はい] をクリックしたときに削除されるようにする

[1]　[はい] がクリックされたときにメッセージを非表示にする命令を書く

　まずは [はい] がクリックされたときにメッセージを非表示にする命令を書きます。OnSelectプロパティに、次の文を記述します。

> **memo**　[はい] ボタンが表示されていないときは、ツリービューから探してください。

```
UpdateContext({kakunin: false});
```

[2] アイテムを削除する命令を書く

上記 [1] の後ろに先ほど控えておいた、もともとの [削除] ボタンのOnSelectプロパティに書かれていた式を貼り付けます。つまり、OnSelectプロパティ全体としては、次のように記述します（**図表 3-49**）。

```
UpdateContext({kakunin: false});Remove([@備品リスト], BrowseGallery1.Selected); If (IsEmpty(Errors([@備品
リスト], BrowseGallery1.Selected)), Back())
```

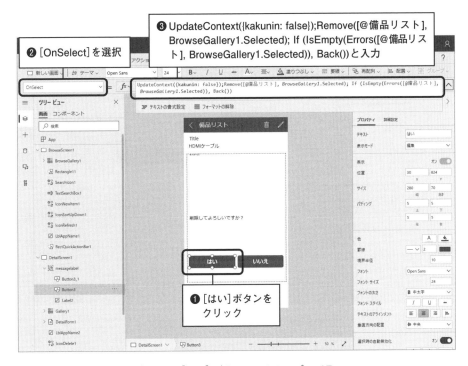

図表3-49　[はい] ボタンのonSelectプロパティ

以上で完成です。[はい] ボタンをクリックすれば削除され、[いいえ] ボタンをクリックすれば削除されないという挙動になったはずです。保存してテストし、確認してみてください。

変数は、最初に使ったときに作られますが、アプリが起動するタイミングや画面が表示されるタイミングで明示的に値を設定したいときもあるでしょう。そのような場合には、次のいずれかの場所に、値を設定する命令を書きます。

(1) 画面が表示されようとしたときに値を設定する (コンテキスト変数の場合)

画面が表示されようとしたときには、OnVisibleプロパティに設定した命令が実行されます。そこでこのプロパティに、変数の値を設定するUpdateContext命令を記述します (**図表3-50**)。

図表3-50　OnVisibleプロパティを設定する

(2) アプリが起動したときに値を設定する (グローバル変数の場合)

本書では使っていませんが、グローバル変数 (Set命令で設定する変数) の場合は、アプリが最初に起動するときに実行される命令を書ける場所に、同等の命令を書きます。アプリが最初に起動するときは、AppのOnStartプロパティに設定した命令が実行されます。そこで、このプロパティに、変数の値を設定するSet命令を記述します (**図表3-51**)。

図表3-51　AppのOnStartプロパティに記述する

　なお、設定した変数の現在の値は、[ビュー] メニューから開ける「変数ビュー」で確認できます（**図表3-52**）。

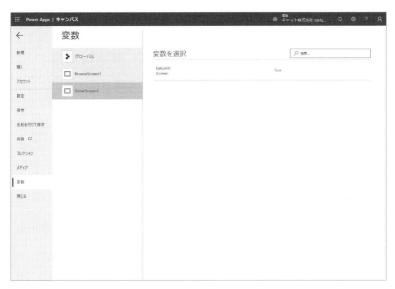

図表3-52　変数ビュー

3-5 入力値を検証する

入力フォームを構成するときは、正しくない値が入力されていないかどうかを確認する処理も大事です。例えば「空欄であってはならないところが空欄である」「数値が入るべきところに文字が入っている」「入力された値が大き過ぎる」などです。入力された値を受け入れてよいか（システムに書き込んでよいか、本書の場合はSharePointリストに格納してよいか）を確認することを「検証（Validate）」といいます。

3-5-1 入力値の検証の考え方

多くのプログラミング環境では、［保存］ボタンや［OK］ボタン、［送信］ボタンなどが押されたあと、実際の保存処理をする前のタイミングで、入力された内容が正しいかどうかを確認し、問題があればエラーメッセージを出力するような構造にするのが一般的です。

しかしPower Appsでは、そうした考え方をしません。入力値の確認は、入力フォーム側ではなくて、データを保存する先の仕事だと考えます。本書では、データの保存先としてSharePointリストを使っています。SharePointリストには、「検証の設定」および「列の検証」という機能があり、これらを設定すると、データが格納されるときに、値が検証されるようになります。これらの検証を設定しておくと、データが保存されるタイミングでエラーが発生します。Power Apps側では、そのエラーが拾われて、メッセージが表示されます（**図表3-53**）。

SharePointでエラーが発生すると、その旨が表示される。

Power Appsで作ったアプリ

・検証の設定（アイテム全体）
・列の検証（特定の列のみ）
その他、「この列に情報が含まれている必要があります」（必須かどうかの設定）「一意の値を適用」（重複した値を許さない）「最小値」「最大値」「小数点以下の桁数」なども同じ

備品リスト

bihinlist	total	canuse	添付
プロジェクター	10	100	プロジェクター .jpg
...	...	...	...

SharePointリスト

エラーの設定は、SharePoint側に実装。
Power Apps側には書かない。

図表3-53　Power Appsにおけるエラーの考え方

3-5-2　「検証の設定」と「列の検証」

　「検証の設定」と「列の検証」の違いは、アイテム全体に対して設定するか、それとも列に対して設定するかです。

（1）検証の設定

　アイテム全体に対して設定します。すべての列を参照できるので、「X列が、Y列×Z列よりも小さいか」など複数の列を検証の対象にできます。

（2）列の検証

　列に対する条件を設定します。他の列の値を参照することはできません。例えば「5より小さい」とか「10より大きい」など、特定の列の値と固定された値とを比較するときに使います。

3-5-3　値の大小チェックを作る

　実際にやってみましょう。ここでは、「貸出可能数（canuse）の入力は、総数（total）以下でならなければならない」という検証項目を設定してみましょう。これは式として、canuseとtotalの2つの列を参照するため、［列の検証］では設定できず、［検証の設定］から設定します。

手順 SharePointリストに検証を設定する

[1] ［リストの設定］を開く

第2章を参考に、「備品リスト」を開きます。右上の［設定］ボタンをクリックし、［リストの設定］を
クリックします（**図表3-54**）。

図表3-54 ［リストの設定］を開く

[2] ［検証の設定］を開く

設定項目の一覧が表示されます。［検証の設定］をクリックします（**図表3-55**）。

図表3-55 ［検証の設定］を開く

[3]　検証の [数式] を設定する

　比較する値を式として入力します。式は「true（真。成り立つ）」か「false（偽。成り立たない）」のいずれかの値で示します。式がtrueにならないときは、検証エラーが発生し、「ユーザーのメッセージ」に設定したメッセージが表示されるという仕掛けです。式の設定方法の詳細については、この画面の [数式の適切な構文に関する詳細] のリンクをクリックしたところを見れば分かりますが、次の書き方を覚えておくと、ほとんどの式が書けるはずです。

（1）列は「[」「]」で囲む

　列を示すときは、「[」「]」（半角の大括弧）で囲みます。

（2）文字列は「'」で囲む

　文字列は「'」（半角のシングルクォーテーション）で囲みます。

（3）先頭に「=」を書く

　条件は、「=」（等しい）「<>」（等しくない）「<」（小さい）「>」（大きい）「<=」（以下）「>=」（以上）などの記号（すべて半角）で記述できます。このとき先頭に「=」を記述します。

（4）より複雑な条件はIf関数を使う

　より複雑な条件を記述したいときは、If関数を使います。

　ここでは、「貸出可能数（canuse）の入力は、総数（total）以下でならなければならない」という制約を付けたいので、[数式] の部分に、次の式を設定します。設定したら [保存] ボタンをクリックします（**図表3-56**）。

```
=[canuse]<= [total]
```

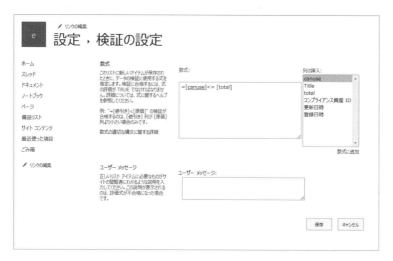

図表3-56　検証の［数式］を入力する

　以上で設定完了です。Power Appsで、貸出可能数が総数よりも大きいときは、エラーメッセージが表示されるようになることが分かります（**図表3-57**）。このメッセージを閉じると（もしくは10秒間そのままにして自動的に閉じられると）、最初に入力されていた値（新規のときは既定値）に戻ります。

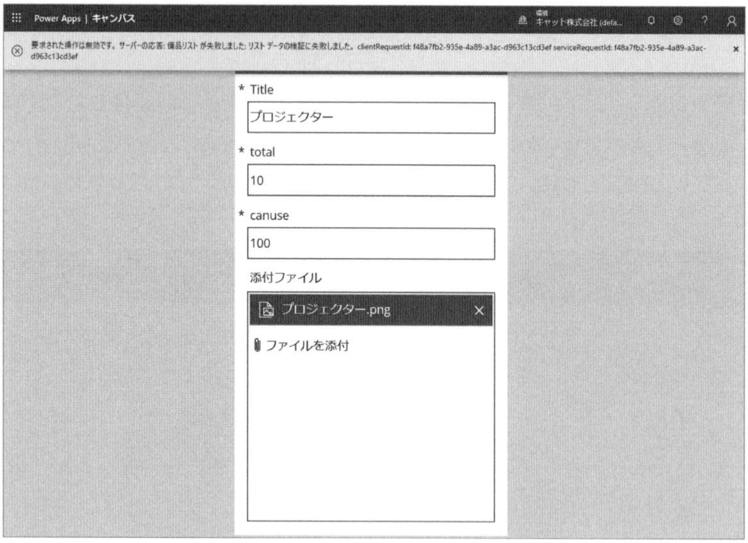

図表3-57　エラーメッセージが表示された

コラム 列の検証を設定する

　本文中では、2つ以上の列が関連する検証の式を設定しているため、リスト全体に対する制約の設定である［検証の設定］を使って設定しました。特定の列にしか関連しない場合、例えば、「貸出可能数として10以下しか入力してはいけない」など、特定列の値が条件を満たさなければならないという設定をしたいときは、その列に対して［列の検証］を設定します。具体的な設定例を以下に示します。ただし、「最小値」「最大値」を設定するケースでは、［列の検証］で設定するよりも、「最小値」「最大値」として設定したほうが、分かりやすいエラーメッセージが表示されるので、そのほうがよいでしょう。

手順 列の検証を設定する

[1]　列の編集を始める

　設定したい列の見出しをクリックしてメニューを表示し、［列の設定］―［編集］をクリックして編集を始めます（**図表3-58**）。

図表3-58　列の編集を始める

[2]　［その他のオプション］を開く

　右側に列の編集画面が表示されます。［その他のオプション］をクリックして開きます（**図表3-59**）。

図表3-59 ［その他のオプション］を開く

[3] ［列の検証］を開く

さらに［列の検証］を開きます（**図表3-60**）。

図表3-60 ［列の検証］を開く

[4] [数式] を入力する

条件を [数式] に入力します。全体の設定と同様に、「=」に続けて、「比較したい式」を入力します。例えば、10以下でなければならないのであれば、次のように設定します（**図表3-61**）。

```
= [canuse] <= 10
```

図表3-61　列を検証する数式を入力する

3-5-4　既定のエラーメッセージはカスタマイズできない

「列の検証」以外にも、SharePointリストには、「この列に情報が含まれている必要があります」（必須かどうかの設定）「一意の値を適用」（重複した値を許さない）「最小値」「最大値」「小数点以下の桁数」などの設定もあり、こうした条件を設定すれば、それに伴うエラーメッセージが表示されます。例えば第2章では、総計を示すtotal列は「この列に情報が含まれている必要があります」を [はい] にしました（**図表3-62**）。ですから、ここが未入力であれば、エラーメッセージが表示されます（**図表3-63**）。

図表3-62 total列の設定

図表3-63 未入力のときに表示されるエラーメッセージ

　こうしたエラーメッセージや検証の設定をしたときのエラーメッセージを変更したいと思う人も多いかと思います。しかしそれはやめておいたほうがよいでしょう。

　「［保存］ボタンがクリックされたときのタイミングで事前にエラーチェックする方法」「フォームにおいて保存が失敗したときに実行する命令を書けるOnFailureプロパティで、エラーメッセージを書き換える方法」などがありますが、複雑になるだけでなく、判定ロジックをPower Apps側とSharePointの検証設定とで二重に管理しなければならないため、運用が難しくなります。例えば、あとからSharePointリストの設定を変えたときには、それに合わせてPower Apps側の処理も変えないとならなくなってしまいます。

　Power Platformで作るアプリでは、エラーメッセージなどの見栄えより、「簡単に作れる」「すぐに変更できる」という利点を生かし、あまり複雑な作りにしないことをお勧めします。

> **memo** 図表3-63では、「totalが必要です」と表示されていますが、これを「総数が必要です」のように、項目名を変更することはできます。具体的には、DisplayNameプロパティを変更しますが、その詳細については、5-3-3節の「見出しを変更する」の手順のなかで解説します。

3-6 まとめ

　この章では、Power AppsとSharePointリストを組み合わせて使うときの基本操作と、画像の表示や確認メッセージの表示といったよくある実装例、そして、エラー処理について説明しました。

（1）プロパティと数式バー

　コントロールに対して、見栄えや振る舞いを設定したいときは、プロパティまたは数式バーから操作します。どちらから操作しても、同じです。

（2）画像の表示

　添付ファイルを画像として表示するには、ギャラリーコントロールを貼り付け、そこに画像コントロールを入れ子に配置して実現します。

（3）アクションとメッセージ

　ボタンなどがクリックされたときの何か命令を実行したいなら、OnSelectプロパティに記述します。Notify関数を使うと、メッセージを表示できます。

（4）［はい］［いいえ］の確認

　［はい］［いいえ］を確認する画面は、Power Appsにはないので、自分で作らなければなりません。ラベルコントロールを配置して、それを大きくサイズ変更して、その上に［はい］［いいえ］のボタンを配置して、メッセージボックスのような見かけを作ります。そしてVisibleプロパティをtrueやfalseに設定することで表示したり消したりします。

（5）変数の利用

　Power Appsでは、変数を使うことができます。アプリ全体で共通のグローバル変数と、画面ごとに個別のコンテキスト変数があり、前者はSet関数、後者はUpdateContext関数を使って設定します。

（6）入力値の検証

　入力値をチェックしたいときは、SharePointリスト側で設定します。［検証の設定］では、複数の列にまたがる制約を、［列の検証］では、その列に限った制約を、それぞれ設定できます。

04

● 第4章 ●

備品予約システムを作る

4-1 備品予約システム

第4章〜第7章では、実用的なPower Platformの活用例として、備品予約システムを作っていきます。この章ではまず、システムの全体像を説明した上で、データを格納するためのSharePointリストから作り始めます。

「備品予約システム」は総務部が使うもので、「机」「椅子」「プロジェクター」などの備品の種類、そして在庫数や貸出可能な個数などを、あらかじめ登録しておきます。この登録部分については、すでに第2章で作った「備品入力アプリ」を、そのまま使います。この章以降で新たに作るのは、「使いたい備品を申請する部分」です。

4-1-1 備品予約の申請画面

備品の利用者は、一覧から登録されている備品を選び、「貸出個数」「使用目的」「貸出希望日」「返却予定日」などを入力して申請します（**図表4-1**）。この予約申請画面は、「備品予約申請アプリ」として、第5章で作ります。申請内容は、SharePointリストに保存して、総務部が参照できるようにします。

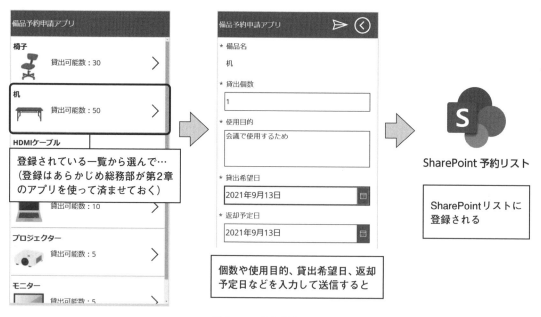

図表4-1　予約申請画面

4-1-2　承認機能

　予約申請画面から入力したデータがSharePointリストとして登録されたら、総務部の担当者に「承認するか否か」のメールを送信することにします。担当者が承認したら貸出可能な個数を減らし、承認が通ったことを申請者にメールで連絡します（**図表4-2**）。こうした承認機能は、第6章で、Power Automateの「フロー」という機能を使って作っていきます。

図表4-2　承認機能

4-1-3　最低限の実装で最大限の効果を得る

　備品予約システムという機能を考えると、他にも、様々な機能が必要でしょう。これだけの仕組みだと、備品が戻ってきたときのことを考慮していないので、貸出可能な個数は、ずっと減りっぱなしで増えることがありません。貸し出した備品が戻ってきたら、それを貸出可能な個数として戻す処理が必要ですし、間違って申請したものを取り消すといった利用者側の処理も必要でしょう。

　しかしながら、こうした処理は、別にアプリ化する必要はありません。なぜなら、総務部だけが利用

するものだからです。第1章で説明したように、もともと総務部は、これをExcelワークシートで管理していました。Power Platformを導入した場合、このExcelワークシートがSharePointリストに変わるだけです。総務部の担当者は、備品が戻ってきたら、SharePointリストを直接、書き換えればよいのです。間違って申請があったときも、SharePointリスト上で削除すればよいのです（**図表4-3**）。

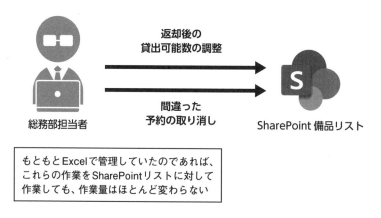

返却後の
貸出可能数の調整

間違った
予約の取り消し

総務部担当者

SharePoint 備品リスト

もともとExcelで管理していたのであれば、
これらの作業をSharePointリストに対して
作業しても、作業量はほとんど変わらない

図表4-3　人力で対応できるところはアプリ化しない

Power Platformを使ってアプリを部門内製化する場合、「使うのは自分たち」です。ですから、自分たちが手作業でやれば済む機能まで、アプリ化する必要はありません。もちろん、そうした機能が必要になれば作ればよいと思いますが、そこまで作り込むよりも、「まずは使える最低限のものを作る」。そうした考え方も、Power Platform導入を成功に導く秘訣です。

4-2 備品予約システムの構成要素

本書で作っていく備品予約システムの概要を説明したところで、全体として、どのようなサービスやSharePointリストを組み合わせて作っていくのかというシステム構成を示します。以降の章では、**図表4-4**、**図表4-5**に示す構成で作っていきます。図を見ると分かるように、この備品予約システムは、第2章で作成した「備品入力アプリ」を中心に、予約の機能を追加したものです。これまで説明してきたSharePointとPower Apps、そして第6章で説明するPower Automateなど異なるアプリを組み合わせることで、相乗効果が生まれるという点にも着目してください。Power Platformでは、このように組み合わせのしやすいサービスがいくつも提供されており、発想次第で無限大に活用できるシステムを作成できます。

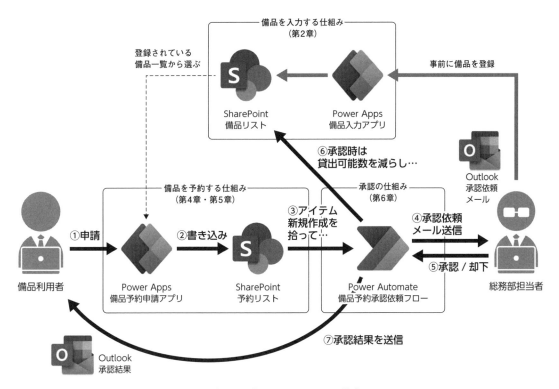

図表4-4　備品予約システムの構成

利用する Power Platform サービス	作成するもの	説明
SharePoint	備品リスト	備品の一覧。総数および貸出可能数などが管理されたリスト。第2章で作成済み
SharePoint	予約リスト	予約申請された内容を保存するためのリスト。「4-3　予約申請データを保存する SharePoint リストの作成」で作成
Power Apps	予約したい備品を選ぶための画面	予約したい備品を選ぶために画面上で一覧表示するもの。第5章で作成
Power Apps	備品を予約するための申請用の画面	選択した備品を予約申請する画面。第5章で作成
Power Automate	備品予約承認依頼フロー	申請された内容を総務部が承認／却下を処理するフロー。第6章で作成

図表4-5　備品予約システムを構成するサービス

4-3 予約申請データを保存するSharePointリストの作成

それではまず、備品予約システムを構築するに当たって、予約申請データの保存先として使うSharePointリストを作成します。

4-3-1 作成するSharePointリストの定義

予約申請データを保存するSharePointリストは、「yoyakulist」（予約リスト）という名前とし、**図表4-6**に示す内容で作成します。予約する備品は、bihinnameとし、これは第2章で作成した「備品リスト」の「bihinname」に登録されている備品のいずれかを参照するようにします。その他、使用開始日や使用終了日、そして、申請状態と承認状態を保存できるようにしました。申請状態や承認状態は、承認フローを作るときに使います（第6章）。

項目名	項目名（日本語）	説明	必須入力
bihinname	備品名	備品名（データ入力時は、第2章で作成した備品リストのbihinname列を参照します）。新規作成直後の「タイトル」を名称変更する	必須
kosuu	個数	借りたい個数	必須
approvalstate	申請状態	承認済み／却下（入力画面には表示されない項目です）	
shiyoumokuteki	使用目的	使用目的	必須
approvestate	承認状態	承認されたかどうかの状態表示（入力画面には表示されない項目です）	
shouninshacomment	承認者コメント	承認者コメント（入力画面には表示されない項目です）	
begin	貸出希望日	貸出希望日	必須
finish	返却予定日	返却予定日	必須

図表4-6　yoyakulist（予約リスト）の定義

4-3-2 SharePointリストを作成する

それではSharePointを開いて、予約リストを作成していきます。基本的な手順は、第2章と同じなので、以下の説明では、要点のみ示します。詳細については、「2-2-2　SharePointリストの作成」を参照してください。

手順 **yoyakulist（予約リスト）を作成する**

[1] 空白のリストを作成する

第2章で作成した「examplesite」を開き、［新規］─［リストを作成］を選択し、［空白のリスト］を
クリックします（**図表4-7**）。

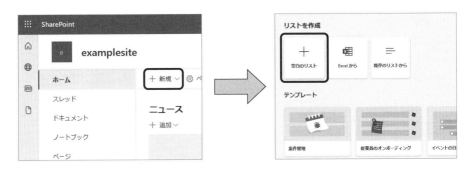

図表4-7　空白のリストを作成する

[2] リスト名を入力して作成する

予約リストの名前を決めて、リストを作成します。ここではローマ字で「yoyakulist」とします。ロー
マ字にするのは、URLが、この名前を基準に定められるためです。「yoyakulist」のようにローマ字で
入力してリストを作成すると、そのURLは、「https://組織名.sharepoint.com/sites/examplesite/Lists/
yoyakulist/」となりますが、日本語名にすると、文字コード変換されたURLになってしまいます。そこで、
ここではローマ字で作成して、あとから、リスト名を日本語名に変えます（**図表4-8**）。

図表4-8　ローマ字で名前を入力して作成する

[3] 名前を日本語に変更する

　作成したリストのリスト名をクリックすると名前を変更できます。日本語名の「予約リスト」に変更します（**図表4-9**）。修正すると、左のメニューおよびメイン画面の見出しも、日本語に変わります（変わらないときは、ブラウザーを再読み込みすると変わります）（**図表4-10**）。

図表4-9　日本語名に変更する

図表4-10　メニューなどが日本語名に変わった

[4] bihinname列を設定する

　新規のリストができたら、**図表4-6**に示した列を追加していきます。まずは、先頭の「bihinname」から設定します。これはすでにある「タイトル」を名称変更して設定します。画面内の［タイトル］をクリックし、［列の設定］─［名前の変更］を選択して、「bihinname」に変更します（**図表4-11**）。

memo 保存後に設定を直したい場合は、列名をクリックし、[列の編集] をクリックすると、編集画面を開けます。

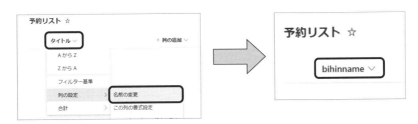

図表4-11　タイトルをbihinnameに変更する

[5]　残りの列を設定する

同様にして、残りの列を設定していきます（**図表4-12、図表4-13**）。貸出個数を入力する「kosuu」の列は、整数に強要するため、小数点以下の桁数を「0」に設定します。また負や0の数を入力できないようにするため、最小許容値を「1」にします。承認者の承認状況を示す「approvestate」は、データが入力されたときには承認されていない状態にしたいため、既定値として［いいえ］を設定します。

項目名	種類	この列に情報が含まれている必要があります	その他設定
bihinname	タイトル		
kosuu	数値	はい	小数点以下の桁数を「0」。 最小許容値を「1」
approvalstate	一行テキスト	いいえ	
shiyoumokuteki	複数行テキスト	はい	
approvestate	はい / いいえ	いいえ	既定値を［いいえ］
shouninshacomment	複数行テキスト	いいえ	
begin	日付と時刻	はい	
finish	日付と時刻	はい	

図表4-12　その他の列の設定

図表4-13 残りの列を設定する

4-4 まとめ

この章では、システムを構築するには、Power AppsとSharePoint、そして、Power Automateを組み合わせて構築していくとよいという話を説明しました。

（1）組み合わせてシステムを作る

必要なシステムは、一つのソフトウエアで実現しようとせず、Power Apps、SharePoint、Power Automateを組み合わせて作ります。

（2）人力で対応できる部分はシステム化しない

内製アプリの場合、すべてをプログラムで処理するのはコストに見合いません。SharePointリストを直接編集しても構わない場面では、あえて直接編集するという運用でカバーするなどし、システム化にかける工数を極力小さくします。

（3）承認にはPower Automateを使う

　承認を実装するには、Power Automateを使います（詳しくは第6章）。承認済みかどうかなどを示す
情報は、SharePointリストの列として用意しておきます。

05

◢ 第5章 ◢
備品予約申請アプリの作成

5-1 この章で作るもの

　この章では、Power Appsを使って、「備品予約申請画面」を作っていきます。第2章では、SharePointリストを選択することで、ほぼ自動で作りましたが、自動で作る画面では、他人の申請情報を編集できてしまうなど、申請の画面として適切ではありません。そこでこの章では、一から作る方法で作成していきます。

5-1-1 作成するPower Appsアプリと入力画面

　ここではPower Appsを使って、「備品予約申請アプリ」という名前のアプリを作成し、次の2つの入力画面を作ります（**図表5-1**）。

（1）備品一覧画面

　起動したときに最初に表示される画面です。第2章で作成した「備品リスト」からデータを取得して、登録されている備品の一覧を表示します。作成する画面は、第2章で作成した「備品入力アプリ」と構造は似ていますが、備品の編集や削除の機能は持ちません。あくまでも表示して、それを選択するだけです。

（2）備品予約申請画面

　（1）の画面で備品を選択した遷移先です。「貸出個数」「使用目的」「貸出希望日」「返却予定日」の入力欄があり、入力した通りに、前章で作成したSharePointの「予約リスト」に格納します。

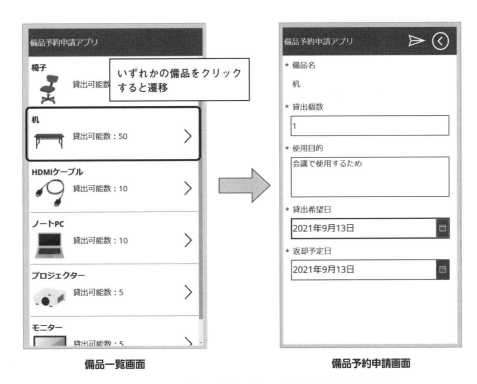

図表5-1　この章で作成する「備品一覧画面」と「備品予約申請画面」

5-1-2　この章を進めるに当たっての事前準備

　本章の内容を進めるには、第2章で作成したSharePointの「備品リスト」と、第4章で作成した「予約リスト」が必要です。まだ作成していない場合は、先に作成してから進めてください（第3章で調整している内容は必要ありません）。

　動作確認手順では、備品リストに登録している備品を選ぶので、第2章で作成した「備品入力アプリ」を使って、もしくは、直接、SharePointリストの「備品リスト」を編集して、いくつかの備品を登録した状態で始めると分かりやすいでしょう。

5-2 備品一覧画面を作成する

　それでは始めていきましょう。まずは、備品申請者が最初に目にすることになる「備品一覧画面」から作成していきます。備品一覧画面は、第2章で作成したSharePointリストの「備品リスト」と結び付けた表示画面です。

　こうした一覧画面は、すでに「2-3　Power Appsアプリを作る」で作成しました。このときは、対象のSharePointリストを選ぶだけの半自動で作りました。これを流用していってもよいのですが、自動で作成できる範囲では、「クリックしたときに編集画面が表示されてしまう」「削除操作もできてしまう」など、備品を予約するという動作にふさわしくないので、ここでは、改めて、一から作成します。一から作成すると自由度が高まるだけでなく、どれだけ自動で作成できているかを体験でき、Power Appsの動作や機能を、より深く知ることができるはずです。

5-2-1 キャンバスアプリを一から作成する

　それでは、Power Appsのアプリとして作っていきましょう。Power Appsのホーム画面を開き、[空のアプリ]をクリックします。すると作成画面が表示されるので、[空のキャンバスアプリ]の[作成]ボタンをクリックします。[キャンバス アプリを一から作成]画面が開いたら、「アプリ名」の欄に「備品予約申請アプリ」(これは個別の画面の名称ではなく、以降作成する「備品一覧画面」と「備品予約申請画面」の両方を含む、このアプリ全体に対する名前です)と入力します。

　[形式]は、画面を縦長にするか横長にするかの設定です。[タブレット]は横長、[電話]は縦長です。ここでは[電話]を選択して、縦長の画面にします(見栄えの問題であり、どちらを選んでも動作は変わりません)。以上を入力したら、右下の[作成]ボタンをクリックします。すると、キャンバスアプリが作られます(**図表5-2**)。

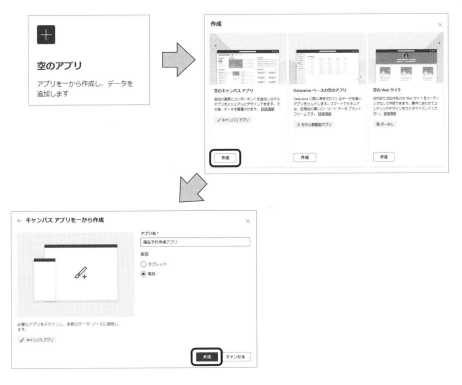

図表5-2 キャンバスアプリを一から作成する

コラム Power Appsの基本的な操作について

　以降では、説明が冗長になるのを避けるため、主要な操作のみ説明します。次の基本操作は、各自で適宜、必要に応じて操作してください。

(1) 作成したものを保存する

　Apps のメニューの［ファイル］―［保存］で保存します。

(2) アプリの作成を終了する

　Apps のメニューの［ファイル］―［閉じる］で終了します。

(3) 保存したものを再編集する

　Appsのホーム画面において、編集したいアプリの［…］をクリックし、［編集］で開きます。［再生］

をクリックすれば、利用者側視点で動作確認できます。

　なお、画面上にコントロールを配置すると、「Label1」「Label2」などのように、末尾に連番が付きますが、この連番は、一度アプリを閉じて開き直すと、空き番号の最小値にリセットされます。ですから、もし操作を間違えてコントロールを追加した場合は、そのコントロールを削除した後に閉じて、開き直してから始めれば、連番が飛び飛びになりません。

5-2-2　備品一覧画面の初期画面と完成形

　アプリを作成すると、何もないキャンバスが表示されます。左側の［ツリービュー］には、画面に相当するScreen1しかありません。つまり、本当にコントロールが何もない状態から始まっています（**図表5-3**）。

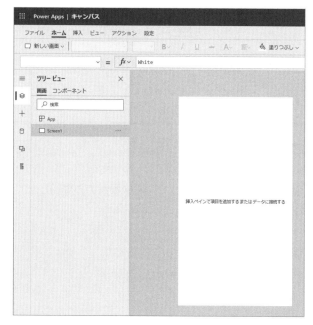

図表5-3　アプリ作成直後のキャンバス

　以下、この画面に対して、各種コントロールを配置して、備品一覧画面を作成していきます。完成品が分からないと、どんな操作をしているのか分かりにくいので、先に、これから操作して何を目指すのかという完成形を**図表5-4**に示します。

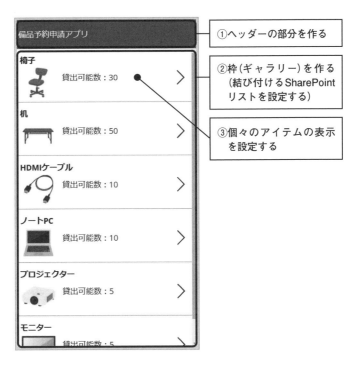

図表5-4　作成する備品一覧画面

　この完成形にするために、上のヘッダーから作成します。次に、備品リストを表示するための枠（ギャラリー）を作ります。この際、接続するデータソースとなるSharePointリストを設定します。今回は「備品リスト」です。そして、データソースに設定されているそれぞれのアイテム（今回はそれぞれの「備品」）に関して、備品名や貸出可能数、画像などを表示する部分を作ります。そして最後に、その他周辺の細かい部分を調整します。

5-2-3 ヘッダーをデザインする

最初に、アプリ画面の上部の見出しとなるヘッダー部分のデザインから始めます。

手順 ヘッダーをデザインする

[1] 見出しとなる四角形を配置する

画面左側のアイコンから［挿入］ボタン（［＋］ボタン）をクリックします。するとコントロールの一覧が表示されるので、［四角形］をクリックします。すると画面上に、四角形が表示されます。この四角形をマウスでドラッグして移動したり、辺をドラッグしてサイズを調整したりして、キャンバスの上部に配置します。ドラッグする際、キャンバスの角や辺に近づけると、吸い付くようにぴったりと位置合わせできます（**図表5-5**、**図表5-6**）。

図表5-5　四角形を挿入する

図表5-6　四角形をキャンバスの上に置く

> **memo** 図では［人気順］の項目から選んでいます。［人気順］は、よく使うコントロールが表示されるエリアです。ここに表示されていないときは、［図形］カテゴリの中の［四角形］を選んでください。他のコントロールについても同様です。また、ここでは設定しませんが、［色］プロパティを設定して、色を見やすく変えるのもよいでしょう。

[2] 見出しとなるテキストラベルを挿入する

テキストラベルを挿入して、見出しを作ります。まず、[挿入] から [テキストラベル] をクリックしてテキストラベルを挿入します (**図表5-7**)。

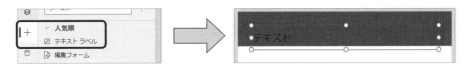

図表5-7 テキストラベルを挿入する

挿入後、ラベルを選択状態にすると、右側に、ラベルに関する設定画面が表示されます。設定画面の [プロパティ] において、「テキスト」を「備品予約申請アプリ」に修正します。また色が黒だと、四角形と重ねたときに見づらいので、[色] にある「A」の部分 (これは文字色の設定です) をクリックし、カラーパレットから白色を選択します (**図表5-8**)。最後に、先の四角形の上に重ねるようにドラッグ操作して、サイズや位置を調整します (**図表5-9**)。

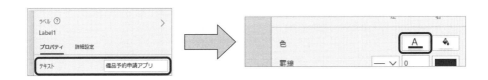

図表5-8 テキストを設定し文字を白色にする

図表5-9 サイズや位置を調整する

5-2-4 備品リストを表示するためのギャラリーを配置する

作成したヘッダーの下に、予約したい備品一覧を表示する仕組みを作っていきます。そのためには、「ギャラリー」を使います。ギャラリーをSharePointリストと結び付けると、そのSharePointリストに入っているデータが繰り返し表示されるようになります。

[1] ギャラリーを挿入する

[挿入]メニューをクリックし、画面上部の[ギャラリー]をクリックします。すると、いくつかの
ギャラリーの種類が表示されます。ここでは[縦方向（空）]を選択します。するとキャンバスにギャラ
リーの枠が挿入されるので、この上辺を、先ほど配置したヘッダー部分の四角形の下に配置します（**図
表5-10**）。

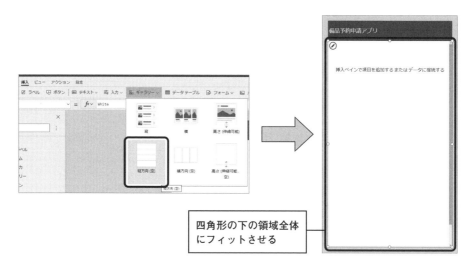

四角形の下の領域全体
にフィットさせる

図表5-10 ギャラリーを挿入する

[2] データソースを選択する

配置したギャラリーをクリックして選択すると、「データソースの選択」がポップアップします。
「データソースの選択」では、まず、「SharePoint」と入力して検索し、出てきた「SharePoint」をクリッ
クします。すると、SharePointの自分のアカウントが表示されるので、それをクリックします（**図表
5-11**）。

> **memo** アカウントが表示されないときや、他のアカウントを使用してSharePointと接続したいときは、
> [接続の追加]をクリックして接続先を新規作成してください。[接続の追加]では、いま自分が
> 操作しているアカウントではない任意の接続先も選べます。

図表5-11　SharePointにおいて自分のアカウントをデータソースとして選択する

[3]　サイトの場所とSharePointリストを選択する

　次に、サイトの情報を入力します。「最近利用したサイト」のところにある検索ボックスに、SharePointリストが存在するサイト名を入力して検索し、見つかったサイトをクリックします。本書の第2章での解説に沿って作成してきた場合は、「examplesite」です。サイトを選択すると、そのサイトに含まれるSharePointリストの一覧が表示されます。第2章で作成した「備品リスト」にチェックを付け、右下の［接続］ボタンをクリックします（**図表5-12**）。これで、ギャラリーが備品リストとつながります。

> **memo**　「最近利用したサイト」に表示されていない場合は、「リストの場所を表すSharePoint URLを入力してください」の部分に、SharePointリストのURLを入力してください。SharePointリストのURL確認方法については、第2章のコラム「SharePointサイトのURL」を参照してください。

図表5-12　サイトの場所とSharePointリストを選択する

5-2-5　備品名と貸出可能数を表示する

　これで備品リストとギャラリーが結び付きましたが、何をどのようなレイアウトで表示するのかを決めていないので、この段階では、まだ何も表示されません。備品リストに登録されている「備品名」や「貸出可能数」、登録されている「画像」などを表示するための、テキストラベルや画像を配置していきます。画像の表示については、ギャラリーの下に、もう一つギャラリーを配置することで実現します。その仕組みについては第3章で説明しています。詳細については、第3章も併せて確認してください。

　ギャラリーを編集する際には、現在操作しているのがギャラリーの全体部分であるのか、それとも、繰り返しの1データ（1レコード）に相当する部分なのかを意識しないと、自分が何を編集しているのか分からなくなります。掲載されているのと違うメニューが表示されるときなどには、選択しているものが間違っていないか確認してください。

手順　**備品名と貸出可能数を表示する**

[1]　データ1行分（1レコード分）を選択する

　詳細表示部分を編集するに当たっては、データ部分を選択状態にします。まずは、ギャラリーの外枠をクリックして、ギャラリー全体を選択状態にします（分かりにくければ［ツリービュー］から［Gallery1］をクリックして選択するとよいでしょう）。そして左上の鉛筆のアイコンをクリックします。すると、選択対象がデータ1行分（1レコード分）の範囲に変わります（**図表5-13**）。

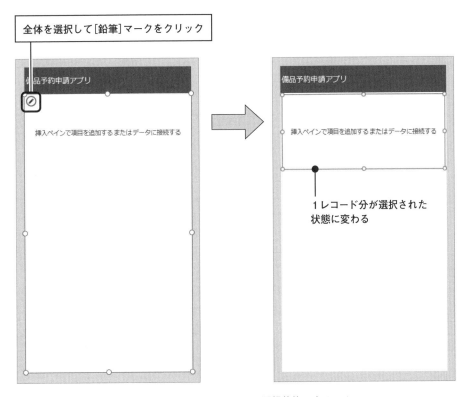

全体を選択して[鉛筆]マークをクリック

1レコード分が選択された
状態に変わる

図表5-13　1レコード分を選択状態にする

[2]　タイトル列を挿入する

　まずは、先頭の「備品名」から配置します。備品名を表示するため、以下の手順で［テキストラベル］を挿入していきます。メニューから［挿入］ボタン（［＋］ボタン）をクリックし、［テキストラベル］を挿入すると、テキストラベルが配置され、このとき、ギャラリーに結び付けられているデータの「先頭の列」から順に自動的に割り当てられます（**図表5-14**）。

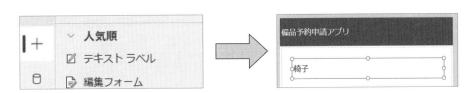

図表5-14　テキストラベルを挿入するとタイトル列が設定される

　ここで結び付けている予約リストは、先頭列が「備品名」です。ですから列の設定をしなくても、テ

キストラベルを配置するだけで、備品列が設定されます。図に示したように、データ部分にテキストラベルを挿入すると、結び付けられているデータが自動で表示されます（図では先頭の「椅子」を示していますが、2行目、3行目にも、繰り返し、実際に格納されている他の備品名が表示されます）。

[3] レイアウトを調整する

　配置したテキストラベルのレイアウトを調整します。ここでは、左上に移動して太字にします。移動するには、マウスでドラッグ＆ドロップします。太字にするには、［プロパティ］タブの［フォントの太さ］を［太字］に設定します（**図表5-15**）。

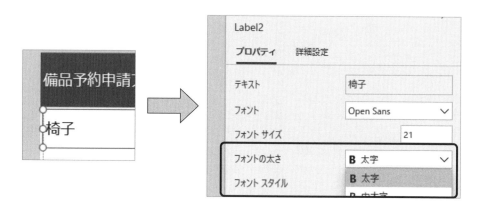

図表5-15　左上に移動して太字にする

[4] 貸出可能数のラベルを付ける

　同様にして、貸出可能数を表示するラベルを付けます。［挿入］ボタン（［＋］ボタン）から［テキストラベル］を選択すると、テキストラベルが設定され、2番目の列である「total」列の内容が表示されます（**図表5-16**）。

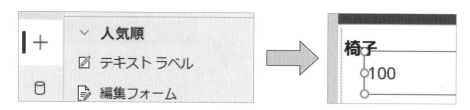

図表5-16　テキストラベルを配置すると2番目の列であるtotal列が表示される

　ここではtotalを表示したいのではなく、貸出可能数を設定したいので、表示する列を変更します。テキストラベルにおいて、表示するテキストはTextプロパティに設定します。テキストラベルを配置した直後は、「ThisItem.total」という値が設定されています。「ThisItem」は現在表示している行を示すオブジェクトで、その「total列」という意味です。

　備品リストにおいて、貸出可能数は「canuse」です。ですから、これを「ThisItem.canuse」にすれば、貸出可能数が表示されるようになります。とはいえ数字だけでは何を示しているのか分かりにくいので、ここでは「貸出可能数：XX」というように、数の前に「貸出可能数：」という文字を付けることにします。そのためには、「"貸出可能数：" & ThisItem.canuse」とします。「&」は文字列を結合する記号（演算子）です（**図表5-17**）。

> **memo**　文字列の表現と&演算子について詳しくは、「3-2-3　テキストの表記を変更する」を参照してください。

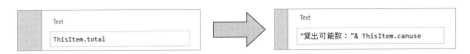

図表5-17　Textプロパティを変更する

　ここまでの設定をすると、**図表5-18**のように、貸出可能数が表示されます。ここに表示される値は、備品リストに実際に格納されている値です（「椅子」や「30」という値は、実際に格納されているデータによって異なります）。

椅子
　　貸出可能数：30

図表5-18　貸出可能数が表示された

5-2-6　画像を表示する

　続いて、画像を表示していきます。画像の表示については、第3章でも扱っています。画像の表示の操作は少し分かりにくいので、第3章を見返しながら、進めていってください。

手順　画像を表示する

[1]　データ1行分（1レコード分）を選択する

　以降の操作をするに当たって、データ部分を選択状態にします。先ほどと同様、ギャラリーをクリックして、ギャラリー全体を選択状態にします。そして左上の鉛筆のアイコンをクリックすることで、データ1行分（1レコード分）を選択した状態にします。ここで間違ってギャラリー全体が選択された状態だと挿入位置がおかしくなるので、確実にデータ部分を選択してください。データ部分が選択されていれば、**図表5-19**のように、1行分に選択枠が付くはずです。

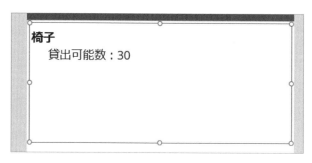

図表5-19　データ1行分を選択した状態にする

[2]　ギャラリーを挿入する

　この状態で、［挿入］メニューから［ギャラリー］を選択し、［横方向（空）］を選択します。操作後に、左のツリービューで確認すると、「Gallery」の内部に「Gallery」ができたことを確認できるはずです（**図表5-20**）。図では、前者をGallery1、Gallery2と示していますが、この番号は、作成状況によって変わります。以下では、この図のように、最初に作成したギャラリー（備品リストに結び付けられているほう）を「Gallery1」、いまの操作で追加したギャラリー（これから画像を表示していく設定をしていくほう）を「Gallery2」と説明します。異なる番号の場合は、適宜、読み替えてください。

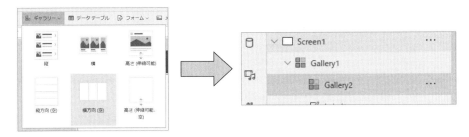

図表5-20　ギャラリーの内部にギャラリーが作られた

[3]　添付ファイルを参照する

ツリービューでGallery2を選択している状態で、画面右側の［詳細設定］を開きます。この「Items」の値を「ThisItem.添付ファイル」に変更します（**図表5-21**）。

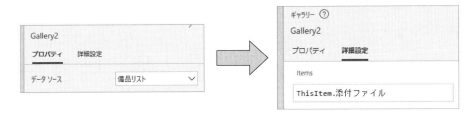

図表5-21　添付ファイルを参照するように変更する

[4]　画像を挿入する

Gallery2のデータ部分を選択状態にします。それには、Gallery2を選択した状態にしておいて、さらに、領域左上の［鉛筆アイコン］をクリックします（**図表5-22**）。

図表5-22　Gallery2のデータ部分を選択状態にする

この状態で、［挿入］メニューから［メディア］—［画像］を選択して、データ部分に画像を挿入します。選択状態が正しければ、**図表5-23**のようになるはずです。選択しているものが間違っているときは、画像が別の場所に挿入されてしまうので、もしそうなったときは、やり直してください（その際、**図表**

5-22で鉛筆のアイコンをクリックしてデータ部分を選択状態にすることを忘れないでください）。

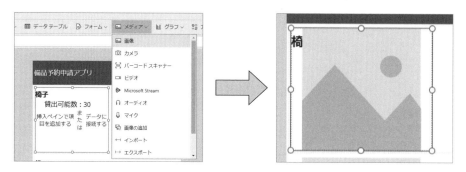

図表5-23　Gallery2のデータ部分に画像を挿入する

続いて、この画像の［詳細設定］の［Image］の値を、「SampleImage」から「ThisItem.Value」に変更します（**図表5-24**）。

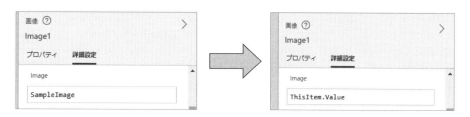

図表5-24　Imageの値を「ThisItem.Value」に変更する

[5] レイアウトを整える

画像が表示されます。テキストラベルや画像をドラッグして、文字や画像の位置を調整して、レイアウトを整えてください（**図表5-25**）。

図表5-25　レイアウトを整える

5-2-7　セパレーターを作成する

　これだと少し見づらいので、表示される備品と備品の間を仕切るセパレーターを作成します。セパレーターは、行と行の間を仕切るただの罫線です。第2章にて自動で作成したアプリを思い出してください。これにはすでに行と行を仕切るセパレーターがありました。しかしこうしたセパレーターは、挿入できるコントロールの中にはありません。セパレーターは、［図形］の［四角形］を応用して作ります。

　セパレーターは、備品ごとに引かれる線なので、備品名や貸出可能数を表示するテキストラベルと同様に、Gallery1の内部に作成します。そのためには、テキストラベルを追加したときと同じように、データ部分を選択して四角形を挿入するという操作方法もとってもよいですが、ここでは、Power Appsの操作に慣れるため、ツリービューから操作してみましょう。

手順　ツリービューから操作してセパレーターを挿入する

［1］　四角形を挿入して切り取る

　まずは画面の任意の場所をクリックして選択し、［挿入］ー［四角形］を挿入します。すると、画面に四角形が描画されるのはもちろんですが、ツリービューのトップである［Screen1］の下にも［Rectangle2］が表示されるはずです。ツリービュー上で、この［Rectangle2］の右側にある［…］をクリックし、［切り取り］を選択します（**図表5-26**）。

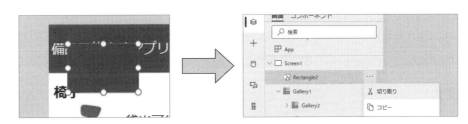

図表5-26　四角形を挿入して切り取る

［2］　階層を移動する

　いま切り取った四角形を、［Gallery1］の配下にある、いずれかのコントロールを選んだ状態で［貼り付け］をします。もう少し具体的に言うと、ここまでの手順では［Label1］［Label2］、そして［Gallery2］の3つがあるはずなので、これらのうちのいずれかの右側の［…］をクリックし、［貼り付け］を選択します。すると、そのコントロールと同じ階層——つまりGallery1の配下——に、いま配置した四角形（Rectangle2）を配置できます。この結果、四角形（Rectangle2）は、データ部分に配置されたことにな

るので、画面上では、それぞれの備品ごとに四角形が表示されるようになります（**図表5-27**）。

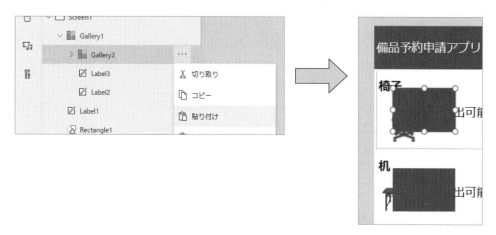

図表5-27　Gallery1の配下に貼り付けると、それぞれのデータ部分に表示されるようになる

　このように切り取りと貼り付けの操作をすれば、画面全体に作ってしまった部品をギャラリーの中のデータ部分（繰り返し部分）に移動できます。配置する位置を間違えたときも、こうした方法で直すとよいでしょう。

［3］　セパレーターの大きさや位置を整える

　セパレーターの形を整えていきます。セパレーターは、データ部分の下に配置し、高さは1ピクセルとしましょう。横幅は、Gallery1の横幅と一致するようにしましょう。それを踏まえて配置位置と大きさを考えます。

　四角形は、左上の角の座標を配置位置として設定します。横幅をGallery1にそろえるのであれば、X座標（横位置）を「0」に設定します（「0」以外にすると、その分だけ右側にズレます）。Y座標（縦位置）は、Gallery1のデータ部分の高さから、セパレーター自体の高さの1ピクセル分を引いた値を設定します。データ部分の高さは、Parent.TemplateHeightで計算できます。Parentというのは親という意味で、ツリービュー上の、「その上の階層にあるオブジェクト」を指します。いま、この四角形（Rectangle2）は、Gallery1の配下に置いているので、Parentとは、このGallery1を示します。TemplateHeightは、データ部分の高さです。

　同様にして幅（Width）と高さ（Height）も設定します。幅はGallery1の幅と一致させるため、Parent.

TemplateWidthを指定します。TemplateWidthは、データ部分の幅です。高さは、先に述べたように1ピクセルとするため「1」を設定します。

これらの「X」「Y」「Width」「Height」の値を、プロパティ画面から、**図表5-28**のように設定します。

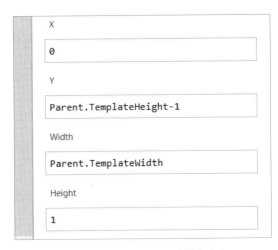

図表5-28　セパレーターを設定する

[4]　コントロールの名前を変更する

　線なのに「Rectangle2」という名前だと分かりにくいので、名前を変更しておきましょう。名前を変更するには、Rectangle2をクリックして選択状態にして、右側の設定画面から［Rectangle2］の文字列をクリックします。すると編集できるようになります。ここでは「Separator1」という名前に変更しましょう（**図表5-29**）。

図表5-29　コントロール名を変更する

5-2-8 備品入力申請画面に移動するためのボタンを作る

次に、画面移動用のボタン［＞］を作成します。このボタンは、［アイコン］に用意されているアイコンから選択します。

手順 **備品入力申請画面に移動するためのボタンを作る**

[1] Gallery1のデータ1行分（1レコード分）を選択する

ボタンは、Gallery1のデータ部分に付けたいので、データ部分を選択状態にします。先ほどと同様、ギャラリーをクリックして、ギャラリー全体を選択状態にします。そして左上の鉛筆のアイコンをクリックすることで、データ1行分（1レコード分）を選択した状態にします（前掲の**図表5-13**を参照）。

[2] アイコンを追加する

画面移動用のボタン［＞］を追加します。［挿入］メニューから［アイコン］をクリックし、［＞右］を選択して挿入します。挿入後、マウスでドラッグして大きさや位置を調整してください（**図表5-30**）。

図表5-30 アイコンを追加する

[3] 名前を変更する

既定では、「icon1」のような名前が付くのですが、これでは分かりにくいので、「NextArrow1」という名前に変更しておきます。変更方法は、セパレーターの場合と同じです。**図表5-29**を参考にして変更してください（**図表5-31**）。

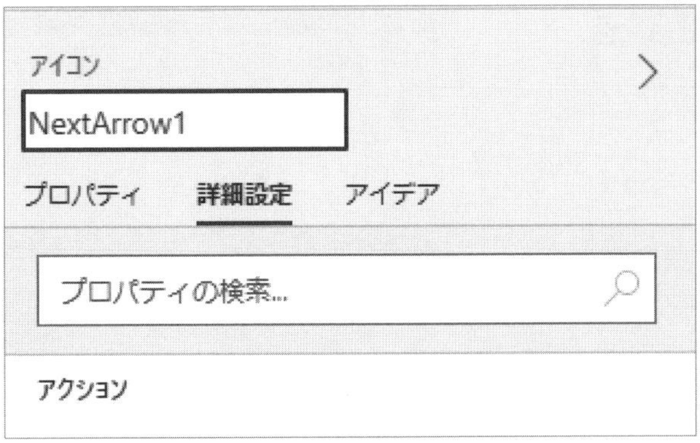

図表5-31　アイコンの名前を変更する

　このアイコンがクリックされたときは、これから作っていく備品予約申請入力画面を開くという挙動にしますが、そのロジックは、備品予約申請入力画面を作ったあとに作ります。この段階では、[＞]というアイコンが表示されたというところまでにとどめておきます。

5-3　備品の予約申請をできるようにする

　続いて、備品予約申請入力の画面を作成し、予約申請をできるようにしていきます。

5-3-1　予約申請入力画面を作成する

　まずは画面から作っていきます。

▌新しい画面の作成

　予約申請入力のための、新しい画面を作ります。ここでは、何も配置されていないまっさらな状態から作っていきましょう。[挿入]メニューから[新しい画面]を選択し、[空]を選択します。すると、先ほどの備品一覧画面のときと同じように、空の画面「Screen2」が作られます（**図表5-32**）。

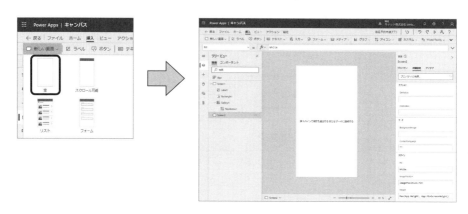

図表5-32　空の画面を作る

┃ヘッダー部分の作成

　備品一覧画面と同じようにヘッダーを作成します。同様の手順で作成してもよいのですが、ここでは、備品一覧画面のヘッダーを、そのままコピーして再利用します。

手順　ヘッダー部分をコピーする

［1］　備品一覧画面のヘッダー部分をコピーする

　備品一覧画面で作成したヘッダー部分である「Label1」と「Rectangle1」の2つを［Ctrl］キーを押しながらクリックして両方とも選択状態にします。そのまま右クリックして［コピー］を選択します（**図表5-33**）。

図表5-33　備品一覧画面のヘッダー部分のラベルと四角形をコピーする

［2］　貼り付ける

　ツリービューで［Screen2］をクリックして選択し、右クリックして［貼り付け］を選択します。すると、備品一覧画面のラベルと四角形が、貼り付けられます（**図表5-34**）。

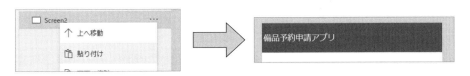

図表5-34　貼り付ける

5-3-2　備品一覧画面と備品予約申請画面を行き来できるようにする

　ヘッダーができたところで、備品一覧画面と、いま作成している備品予約申請画面とをリンクして、行き来できるようにします。

▌画面の名前を変更する

　すぐあとに説明しますが、ある画面から別の画面に切り替えるには、切り替え先の名前を指定します。現在は、備品一覧画面が「Screen1」、備品予約申請画面が「Screen2」ですが、これだと分かりにくいので、作業を始める前に、名前を変更しておきましょう。名前を変更するには、ツリービューで該当のコントロールを選択して［名前の変更］をクリックします。この操作をして、「Screen1」を「備品一覧画面」に、「Screen2」を「備品予約申請画面」に、それぞれ変更しておきましょう（**図表5-35**）。

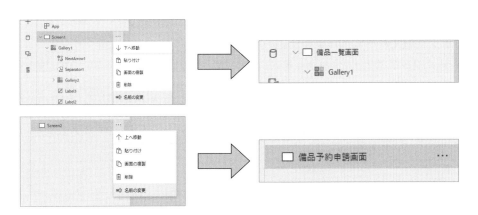

図表5-35　Screen1、Screen2の名前を変更する

▌備品予約申請画面から備品一覧画面の遷移を作る

　まずは、いま作成している備品予約申請画面から、備品一覧画面に戻れるようにしましょう。戻るた

めには、［戻る］ボタンを配置します。［戻る］ボタンを作って、クリックされたときに備品一覧画面に戻れるようにするには、次のようにします。

手順 **［戻る］ボタンを作り、クリックされたときに備品一覧画面に戻れるようにする**

[1]　［戻る］ボタンを作る

［挿入］メニューから［アイコン］をクリックし、［戻る］を選択します。すると［戻る］のボタンが配置されます。配置されたボタンをヘッダーの右上に移動して、見やすいように、文字色を「白」にしましょう。またアイコンの名前も、分かりやすいように、「PrevArrow1」に変更しておきます（**図表5-36**）。

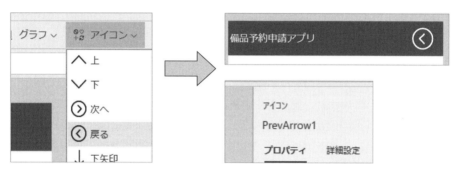

図表5-36　［戻る］ボタンを作る

[2]　クリックされたときに遷移する仕組みを作る

この［戻る］ボタンがクリックされたときに、備品一覧画面に遷移するようにします。「クリックされたとき」の挙動は、「OnSelect」に設定します。PrevArrow1アイコンを選択した状態で、上の数式バーで左辺から「OnSelect」を選択してください（既定では、アイコンを選択すれば、OnSelectが自動的に選択されているはずです）。そして右辺の部分に「Navigate(備品一覧画面)」と入力します（**図表5-37**）。Navigateは、指定した画面に遷移する命令です。

図表5-37　OnSelectにNavigateの命令を設定する

入力には自動補完が働きます。先頭の数文字を入力するだけで候補が表示され、[Tab] キーを押すと、その情報に補完できます。

動作を確認する

　これで [戻る] ボタンは完成です。ここで実際に、クリックしたときに戻ることができるかテストしてみましょう。テストはとても簡単です。作成した [戻る] ボタンを [Alt] キーを押しながら、マウスでクリックするだけです。このとき、備品一覧画面に戻ることができれば、正しく設定されています（**図表5-38**）。

　Power Appsのデザイン画面では、[Alt] キーを押しながらボタンやリンクをクリックすると、それらをクリックしたときのイベント（OnSelect）が実行され、その場で動作確認できます。いちいちアプリの [再生] や「5-4-1　動作確認する」で説明する [アプリのプレビュー] を選択して動作確認しなくて済むので、この操作方法は、ぜひ、覚えておきましょう。

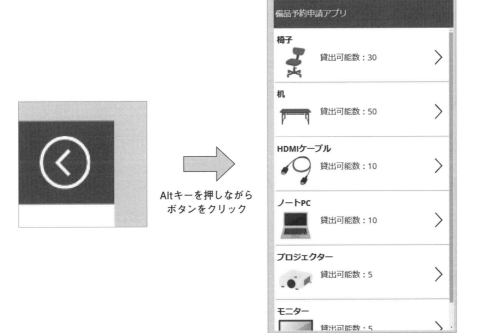

図表5-38　備品予約申請画面で [戻る] をクリックしたとき、備品一覧画面に戻れることを確認する

備品一覧画面から備品予約申請画面への遷移を作る

次に、備品一覧画面で、「予約したい備品の右の［＞］ボタン」をクリックしたときに、備品予約申請画面に遷移するようにします。Navigateを使うのは同じですが、遷移先の備品予約申請画面では、「どれが選択されたか」が分かるようにするため、クリックされたアイテムを「選択状態にする」という命令が必要です。

手順 **アイテムの［＞］ボタンがクリックされたとき、備品予約申請画面に遷移するようにする**

[1]　［＞］を選択状態にする

備品一覧画面のデータ部分に配置した「NextArrow1」（［＞］ボタン）を、フォーム上もしくはツリービューでクリックして選択状態にします。

[2]　アイテムを選択してから遷移する

このボタンについても、先ほどと同様に、クリックしたときに実行される命令であるOnSelectの数式を書き換えていきます。遷移するには、先ほどと同様にNavigateと記述しますが、遷移先では、「どの備品がクリックされたか」を区別する必要があります。そこでNavigateの前に、アイテムを選択するという意味の「Select(Parent)」を付けて、「Select(Parent);Navigate(備品予約申請画面)」とします。「;」は複数の命令をつなげるための構文です。「Select(Parent)」は、Power Appsが気を利かせて最初から入っているので、入力するのは、その後ろの「コロン (;)」と「Navigate(備品予約申請画面)」を追記するだけです（**図表5-39**）。

図表5-39　［＞］ボタンがクリックされたときに、その備品を選択状態にしてから備品予約申請画面に遷移する

以上で、［＞］ボタンの実装は完成です。先ほどと同様に、［Alt］キーを押しながら［＞］ボタンをクリックして、遷移することを確認してください。

> **memo** アプリを正しい挙動にするには、この後ろに、さらに「NewForm(Form1)」と加える必要があります。つまり、OnSelectに設定すべき、正しい数式は次の通りです。NewFormの必要性については、このあとの「送信ボタンを作成する」で説明するので、この段階では、まだ「NewForm(Form1)」は書かず、そのままにしておいてください。

```
Select(Parent);Navigate(備品予約申請画面);NewForm(Form1)
```

5-3-3　予約申請フォームを作成する

次に、備品予約申請画面のメイン部分である、予約申請フォームを作成していきます。

▎フォームの作成とデータの連結

まずは、編集フォームを作り、データと連結します。

> **手順**　**編集フォームを作り、データと連結する**

[1]　フォームを挿入する

[挿入]メニューから[フォーム]をクリックし、[編集]を選択します。すると、編集フォームが挿入されます。挿入した編集フォームを、ヘッダー部分の下辺にぴったりとフィットさせます（**図表5-40**）。

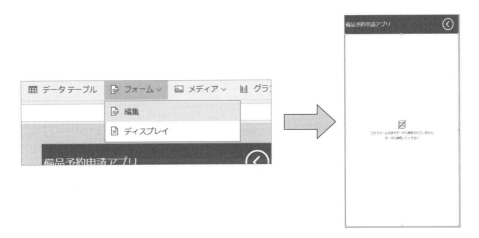

図表5-40　フォームを挿入する

[2]　SharePointを選ぶ

このフォームを、第4章で作成した「予約リスト」と接続します。右側のプロパティタブの[データソース]をクリックし、検索ボックスに「sharepoint」と入力して、SharePointを選びます（**図表5-41**）。

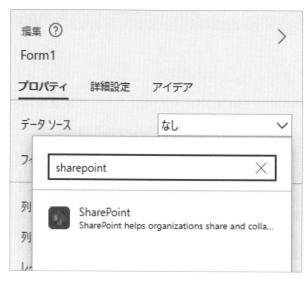

図表5-41　SharePointを選ぶ

[3]　予約リストと接続する

SharePointを選んだら、SharePointサイトに接続します。本書の場合は、「examplesite」です。この手順は、「5-2-4　備品リストを表示するためのギャラリーを配置する」の手順と同じです。そしてリスト選択で [予約リスト] を選択して、左下の [接続] をクリックします。すると自動で、予約リストの内容を基に入力フォーム「Form1」が作成されます (**図表5-42**)。

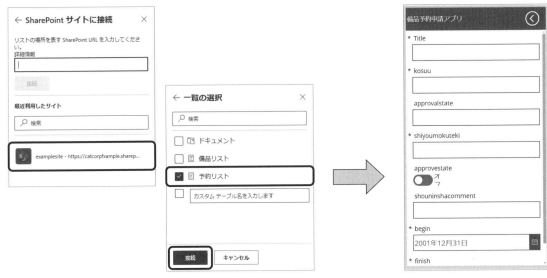

入力フォームができる

図表5-42　予約リストと接続するとフォームが作られる

> **memo**　自動生成された項目に「＊」が付くものと付かないものがありますが、「＊」が付くものは、入力
> 必須項目という意味です。

フォームを調整する

　作成したフォームを調整していきます。ここでは、次の操作をします（**図表5-43**）。

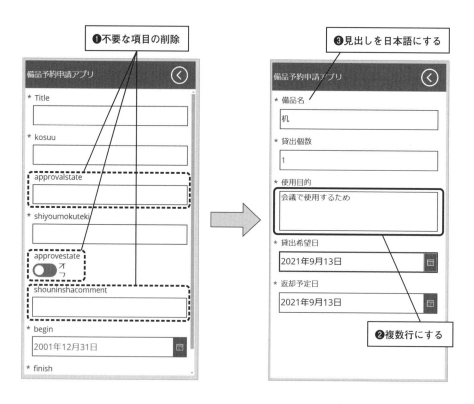

図表5-43　フォームの調整

（1）不要な項目を削除する

　入力時に、ユーザーに入力させない項目を削除します。「approvalstate」「approvestate」「shouninshacomment」は、入力項目ではなく、承認されたかどうかを示す値です。これらの値の設定は、第6章で作成するPower Automateのフローから操作します。

（2）「使用目的」を複数行にする

　既定では、すべての入力項目は、1行の項目として作られます。「使用目的」は、たくさん入力されることが予想されるので、複数行入力に変更します。

（3）見出しの名前を変更する

　見出しの名前がSharePointの列名そのものなので、分かりやすい名前に変更します。

▌ロックの状態

　フォームを調整する場合、1点、注意すべきことがあります。それは、「ロック」の状態です。ロックは、「編集できないようにする」という機能です。作成直後は、ロックがかかっています。そしてロックの状態によって、できる操作とできない操作があります。基本的に、編集操作は、ロックを解除しないと変更できません。しかしいま述べた（2）の1行テキストを複数行にするという操作は、ロック状態でないと変更できません。

　一度、ロックを解除すると、再度ロックをかけることはできません。もう一度ロックをかけたいのであれば、そのデータ項目を削除して、［フィールドの追加］から追加し直す必要があります（次に示す「コラム　間違えて削除してしまったときは」を参照）。ですから、上記の手順において、（2）と（3）を逆にすることはできません。まず「ロックがかかっている状態でしかできない操作をして、それからロックを外して操作する」という手順にしなければならないので注意してください。

▌不要な項目を削除する

　概要を説明したところで、入力時には表示しない項目を削除するところから始めましょう。「approvalstate」「approvestate」「shouninshacomment」の3つです。これらをそれぞれ左のツリービューで選択し、「削除」で削除します（**図表5-44**）。

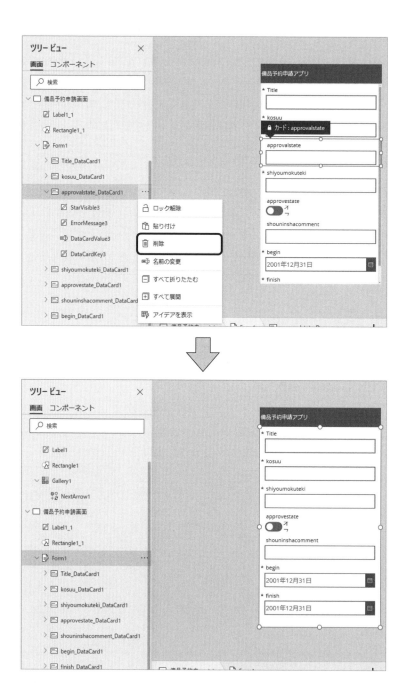

図表5-44　不要な項目を削除する

コラム 間違えて削除してしまったときは

　間違えて削除してしまったときは、右側のプロパティにある［フィールドの編集］をクリックします。すると「フィールド」ウィンドウが表示され、［フィールドの追加］をクリックすると追加できます。なお、この画面から、削除操作もできます（**図表5-45**）。

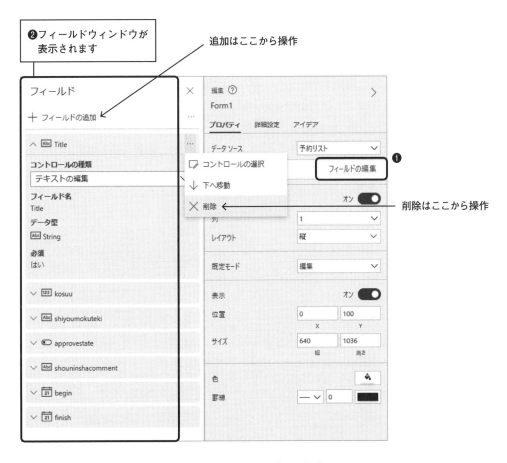

図表5-45　フィールドの編集から操作する

使用目的を1行から複数行にする

　既定では、すべて1行入力のテキストボックスとして貼り付けられます。しかし複数行入力のほうが適切なこともあります。例えば、使用目的（shiyoumokuteki）は、たくさん入力するので、複数行のほ

うが使いやすいでしょう。1行から複数行に変更するには、コントロールの種類を「複数行テキストの編集」にすればよく、次のように操作します。

手順 **複数行テキストに変更する**

[1] フィールドの編集を開く

挿入したフォーム（Form1）を選択状態にして、［プロパティ］タブの［フィールドの編集］をクリックします。

[2] コントロールの種類を変更する

左側に出てきたフィールドで「shiyoumokuteki」を探し、たたまれている部分を広げます。その中に［コントロールの種類］という設定項目があります。現在は「テキストの編集」が選択されていると思いますが、これを「複数行テキストの編集」に変更します（**図表5-46**）。以上の操作をすると、shiyoumokutekiのテキストボックスが複数行になります（**図表5-47**）。

図表5-46　複数行テキストの編集に変更する

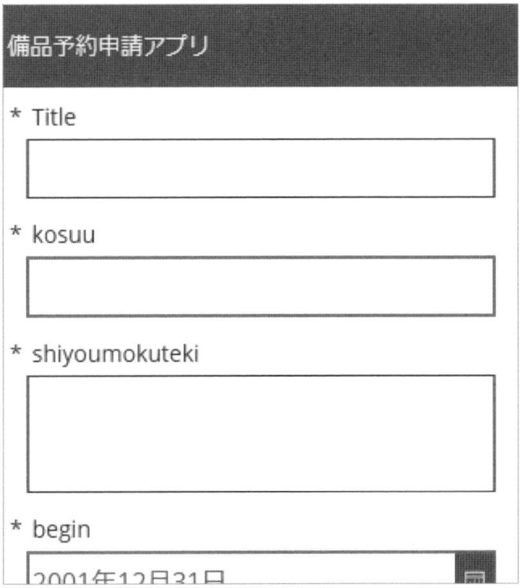

図表5-47　複数行テキストになった

┃見出しを変更する

次に、入力欄の見出しを変更していきます。ロックを解除してから操作します。

手順　見出しを変更する

[1]　Titleの表示名を変更する

まずは、「Title」の表示名を「備品名」に変更します。見出しやテキストボックスを囲んでいる「カード」と呼ばれるコントロールを選択状態にしてください。これは「項目名_DataCard1」という名前が付いており、Title列の場合は「Title_DataCard1」です（末尾の1は、2や3など連番のこともあります）。挿入したばかりの項目は編集ロックがかかっているので、[詳細設定]の[プロパティを変更するにはロックを解除します。]をクリックして、ロックを解除します（**図表5-48**）。そして、右側の詳細設定の[DisplayName]を「"備品名"」に変更します（前後の「"」も必要です）（**図表5-49**）。

DisplayNameは表示される項目名のことです。見出しラベルが変わるだけでなく、エラーメッセージに含まれる項目名も、この値に置き換わります。

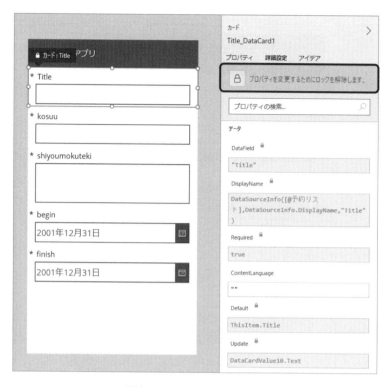

図表5-48　ロックを解除する

図表5-49　DisplayNameを「備品名」に変更する

[2]　kosuuの表示名を変更する

　同様にして、kosuuの表示名を変更します。「kosuu」が含まれるカード（kosuu_DataCard1）の［DisplayName］を"貸出個数"に変更します。手順［1］と同様、ロックを解除してから設定を変更します（**図表5-50**）。

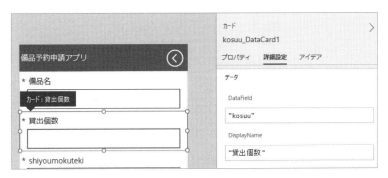

図表5-50　DisplayNameを「貸出個数」に変更する

[3]　shiyoumokutekiの表示名を変更する

　同様にして、shiyoumokutekiの表示名を「使用目的」に変更します。手順［1］と同様、ロックを解除してから、［DisplayName］を「"使用目的"」に変更します（**図表5-51**）。

図表5-51　DisplayNameを「使用目的」に変更する

[4]　beginとfinishの表示名を変更する

　同様に、beginとfinishも、それぞれ表示名を「貸出希望日」「返却予定日」に変更します（**図表5-52**）。

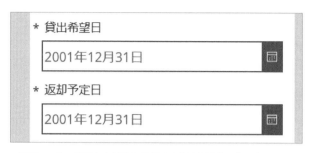

図表5-52　表示名を「貸出希望日」「返却予定日」に変更する

選択された備品が自動選択されるようにする

さて「備品名」の部分ですが、この段階では、自由に入力できるテキストとなっていて、管理外の備品を入力できます。それでは困るので、「備品一覧」で選択された備品名が、自動的に入力されるようにします。

ここまでの流れでは、備品一覧の [>] をクリックすると、その備品を選択した状態にして、備品予約申請画面に遷移するようにしました。この遷移先となる、いま作成している備品予約申請画面において、「選択された備品の名前」を、この「備品名」に自動入力しようというわけです。これまでの操作では、備品一覧画面で備品一覧を表示しているのは、「Gallery1」という名前のギャラリーです。この場合、選択されているデータ列は、「Gallery1.Selected」で取得できます。

Gallery1は、備品リストに連結されていて、備品の名前は「Title列」に格納されています。そこで「Gallery1.Selected.Title」と記述すれば、選択されている備品名を取得できます。テキストボックスに最初に入力される値は「Default」プロパティで設定できます。ここを「Gallery1.Selected.Title」にすることで、自動入力を実現できます（図表5-53）。ただしこのままだと、ユーザーが自由に変更できてしまいます。そこで入力できないよう、「DisplayMode」を「View」にして、読み取り専用に変更します。

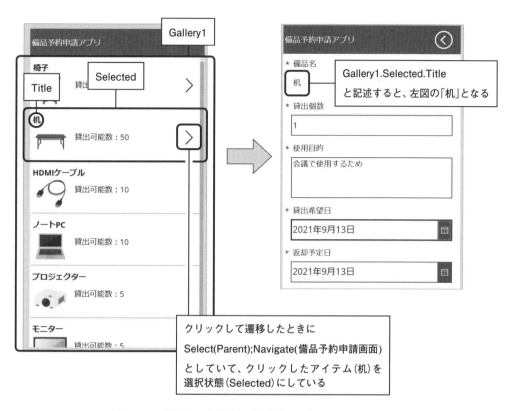

図表5-53　選択された備品名が自動的に入力されるようにする

具体的な操作手順は、次の通りです。

備品名が自動入力されるようにする

[1]　Defaultプロパティを変更する

　備品名の入力テキストボックス（DataCardValue）を選択状態にし、右側の［詳細設定］の「Default」
の値を「Parent.Default」から「Gallery1.Selected.Title」に変更します（**図表5-54**）。これで、備品一覧画
面で選択した備品名が自動的に入力されるようになります。

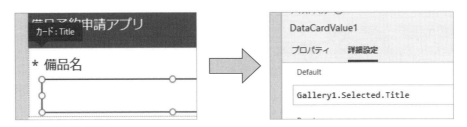

図表5-54 Defaultプロパティを変更する

[2] DisplayModeをViewに変更する

同じく備品名の入力テキストボックス（DataCardValue1のDisplayModeを「View」に変更します。これは［詳細設定］から変更すればよいのですが、非常に数が多く、探しにくい点が問題です。そこで、数式バーから編集する方法も覚えておくとよいでしょう。

数式バーは画面の切り替えのときにも少し触りましたが、この左辺のドロップダウンリストから編集項目を選ぶことで、様々な項目をここでも編集できます。この数式バーの左側のドロップダウンリストから［DisplayMode］を選択することで、詳細設定のDisplayModeと同じ部分が編集できます（**図表5-55**）。どちらの方法でもよいので、値を「Parent.DisplayMode」から「View」に変更します（**図表5-56**）。するとテキストボックスではなくてラベルとなり、入力できなくなります。

詳細設定のDisplayMode

数式バーのDisplayMode

図表5-55　詳細設定から編集しても数式バーから編集しても同じ

DisplayModeをViewに変更

図表5-56　DisplayModeを「View」に変更すると、テキストボックスはラベルとして表示される

▌送信ボタンを作成する

最後に、入力したデータをSharePointリストに保存するためのボタンを作ります。アプリとしてはSharePointのデータとして保存する動作ですが、ユーザーから見たら、総務部に送信しているように見えるので、ここでは［送信］という名前のボタンにしましょう。

［送信］ボタンがクリックされたときは、SharePointリストに保存した後、備品一覧画面に戻る動作にします。そうしないと、ユーザーが送られていないと勘違いして、何度も［送信］ボタンをクリックして、二重送信してしまう恐れがあるからです。また入力フォームにデータが残ったままだと、やはり二重送信してしまう恐れがあるので、備品入力フォームが表示されるときは、前回の入力データを削除するようにもします（**図表5-57**）。

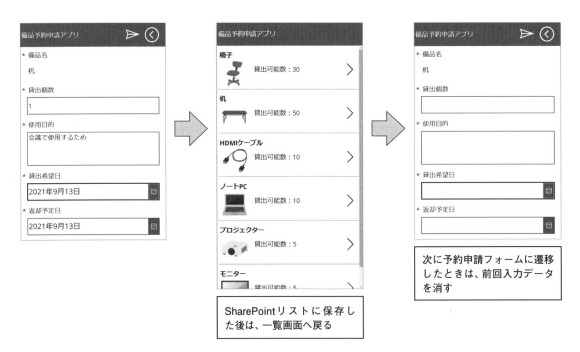

図表5-57　送信ボタンをクリックしたときの流れ

実際の操作手順は、次の通りです。

手順 **送信ボタンを作成する**

[1] 送信ボタンを配置する

　まずは送信ボタンを配置します。［挿入］メニューから［アイコン］を選択し、［送信］を選択します。挿入したら、色を白くして、ヘッダー部分に配置しましょう。アイコン名は「Submit1」に変更します（**図表5-58**）。

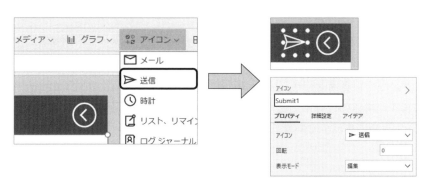

図表5-58　送信ボタンを配置する

[2] SharePointリストに保存する動作を設定する

　送信ボタンがクリックされたときは、OnSelectが発動します。この部分に、SharePointリストに保存する命令を記述します。その命令は、「SubmitForm(Form1)」です（Form1というのは備品予約入力フォームの名前です）（**図表5-59**）。

図表5-59　OnSelectにフォームの保存処理を付ける

[3] 備品一覧に遷移する

　データの保存が成功したときに、備品一覧に遷移するようにします。データ送信が成功した場合は、フォーム（Form1）のOnSuccessが発動します。そこで（［送信］ボタンではなく）フォーム（Form1）を選択して、「OnSuccess」に「Navigate(備品一覧画面)」を設定します（**図表5-60**）。これで、データ保存に成功したら、備品一覧画面に遷移するようになります。

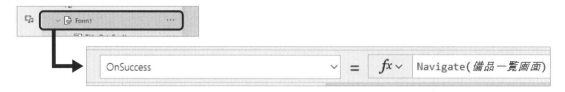

図表5-60　フォームのOnSuccessに、備品一覧に遷移する命令を書く

[4] [>] がクリックされたときは新規入力にする

　このままだと、次回、備品一覧画面から [>] をクリックして、備品予約申請画面に遷移すると、いま入力している内容が残ってしまうので、[>] をクリックしたときは、フォームを新規作成状態にします。そこで備品一覧画面を開き、[NextArrow1] のOnSelectに、フォームを新規作成状態にする命令を追加します。具体的には末尾に「;」で区切って、「NewForm(Form1)」を追加します。つまり、「Select(Parent);Navigate(備品予約申請画面);NewForm(Form1)」に変更します（**図表5-61**）。

図表5-61　[>] がクリックされたときに新規入力にする

5-4 動作確認と共有

　以上で、すべて完成しました、全体の動作を確認した後、共有して、他の人が、このアプリを使えるようにしましょう。

5-4-1 動作確認する

　これまでの動作確認では、[Alt] キーを押しながら [戻る] ボタンや [>] ボタンをクリックしましたが、

全体を確認するには、「アプリのプレビュー」を使います。このアプリのスタートは、備品一覧画面です。備品一覧画面を開き、[アプリのプレビュー]をクリックして、動作確認を始めましょう（**図表5-62**）。

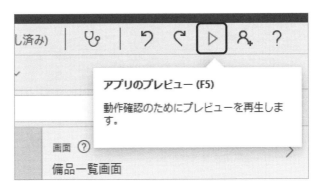

図表5-62　アプリのプレビューを始める

　備品一覧画面から備品を選ぶと、備品申請画面に遷移します。このとき、備品名には、選択した備品が自動入力されているはずです。ここで「貸出個数」や「使用目的」、そして、「貸出希望日」「返却予定日」を入力して、[送信]ボタンをクリックします。問題なければ、また備品一覧画面に戻るはずです。このときSharePointの「予約リスト」には、入力した値が追加されているはずです（**図表5-63**）。必須項目が空欄などで不備があるときは、**図表5-64**のようにエラーが発生します。

図表5-63　備品予約申請したところ

図表5-64 入力不備があるとき

コラム **DisplayNameはエラーメッセージにも影響する**

　図表5-64からわかるように、DisplayNameを変更すると、表示されるエラーメッセージに含まれる項目名も、この名称に変わります。見出しを変更するには、ラベルコントロールのTextプロパティを変更する方法もありますが、その方法ですと、エラーメッセージは変わりません。両方変更したいのなら、ラベルコントロールではなく、そのラベルコントロールを含むカードコントロールのDisplayNameを変更するのがポイントです。

5-4-2 共有する

　以上で完成です。[ファイル] メニューの [保存] から [共有] を選択しましょう。共有先のユーザー
を選択して共有します（**図表5-65**）。

　　　　　　　　　　　　　図表5-65　共有する

　共有することで、共有したユーザーのPower Apps画面の [アプリ] の部分に、表示されるようになり
ます（**図表5-66**）。これでPower Appsの部分は完成です。次章では、Power Automateを使った承認処理
を作成していきましょう。

図表5-66 アプリに登録された

memo ここでの共有作業は必須ではありません。共有しなくても、自分だけは使えますし、次章の Power Automateの作業も進められます。まだ他の人に参照されたくない場合は、共有しなくても構いません。

5-5 まとめ

この章では、「キャンバスアプリを一から作成」というやり方で、Power Appsアプリを作ってきました。

(1) 一から作成すると自由度が高い

一から作成すると、「編集機能や削除機能を持たせたい」「リンクをクリックしたときに予約画面に飛ぶ」など、既定と違った動作をするアプリを作れます。

(2) 見栄えはラベルと四角形で作る

見栄えを良くするには、ラベルや四角形を使います。罫線は高さを小さくした四角形で表現します。

(3) コピペとツリービュー、数式バーを活用する

画面にたくさんのコントロールを配置していくと、だんだん目的のものを探すのが難しくなってき

ます。似た要素はコピペ（コピー＆ペースト）で複製するなど工夫します。また、ツリービューや数式バーを活用することで、選択しにくいコントロール、見つけづらいプロパティを操作していくとよいでしょう。

（4）親子関係の取得

　ある画面に遷移したいときは、Navigate命令を使います。Navigate命令を実行する前に、Select命令を実行しておくと、それを「選択状態」にしておいて、遷移先からは「コントロール名.Selected.列名」として参照できます。

（5）書き込み後のページ遷移

　SharePointリストへのデータ書き込みが完了すると、OnSuccessに設定した命令が実行されます。ここにNavigate命令を書くことで、書き込み完了画面に遷移するなどの動作にできます。

（6）新規作成

　フォームを表示する際、NewForm(フォーム名)と記述すると、現在の編集内容を破棄し、新しい編集（追加データの編集）が始まります。

06

承認フローの作成

6-1 この章で作るもの

　この章では、備品予約申請が登録されたときに、それを総務部が承認できる機能を作ります。承認はメールで行うものとし、Power Automateを使ったフローとして実装します。Power Automateには、メールを使って承認するかどうかを回答できる機能があるため、いくつかの命令を並べるだけで作れます。

　前章までの流れでは、申請者が予約申請すると、SharePointの「予約リスト」に、その情報が新しいアイテムとして登録されます。Power Automateには、SharePointリストなどのデータに変更が加えられたとき、それを拾って、何らかの処理を開始する機能があります。この機能を使って、承認フローを実行していきます。

　作成する承認フローでは、まず、総務部の担当者（もしくは担当者グループなど複数ユーザーも可）にメールし、「承認/却下」を尋ねます。そしてその結果を申請者にメールします。承認状態は予約リストに書き込み、承認されたときは、さらに、備品リストから貸出可能数を減らすという処理もします（**図表6-1**）。

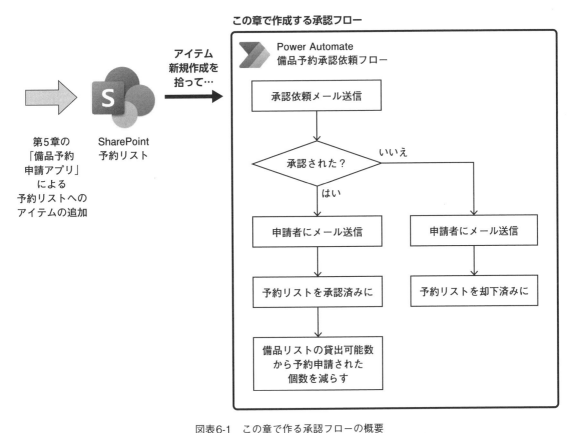

図表6-1　この章で作る承認フローの概要

6-1-1　Power Automateの基本

　この章では、Power Automateを使って実装していきます。そこで簡単に、Power Automateとはどのようなものか、その概要を説明しておきます。

　Power Automateは、RPA（ロボティック プロセス オートメーション）という、ロボットによる定常的な業務を自動化するためのアプリです。最近のRPAソフトウエアでは、自動化するための処理内容をフローチャートのように視覚的に分かりやすい「フロー図」を用いて作成するタイプが主流ですが、Power Automateも同じくフロー図で処理内容を記述します。そのため、他のRPAソフトウエアを使用したことがある方や、フローチャートを見慣れている人は理解がしやすくなるかと思います。こうしたフロー図で書いた、「処理を実行する一連の流れ」のことを、Power Automateでは「フロー」と言います（**図表6-2**）。

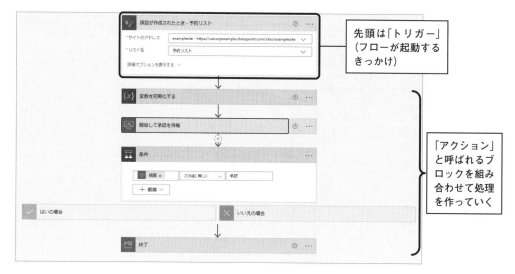

先頭は「トリガー」
（フローが起動する
きっかけ）

「アクション」
と呼ばれるブ
ロックを組み
合わせて処理
を作っていく

図表6-2　フローの例

フローは「トリガー」と「アクション」からなり、「条件分岐や変数」も利用可能です。これらはすべて、「コネクタ」と呼ばれる部品として提供されます。順に説明しましょう。

┃トリガー

フローの先頭にある「始まりの部分」を、「トリガー」と呼びます。Power Automateのフローは、必ず、トリガーから始まります。トリガーとは、このフローを起動する「きっかけ」です。例えば、「SharePointリストが変更された時」「OneDriveにファイルが置かれた時」「OneDriveのファイルが変更された時」「メールが届いた時」など、ビジネスの現場で使いそうな「きっかけ」をはじめ、「Microsoft Teamsにメッセージが届いた時」「Microsoft Teamsにメンバーが追加された時」「Slackにメッセージが届いた時」、それから「HTTP要求の受信時」などもあり、Webサービスとして何か処理を実装することもできます。

> **memo**　プログラミング経験がある人にとっては、トリガーは、「イベント」と呼んだほうが分かりやすいかもしれません。

┃アクション

フローにおけるトリガー以外の部分は、すべて「アクション」と呼びます。アクションは、一つひとつの処理です。例えば「メールの送信」やSharePointリストの「項目の更新」などのアクションがあります。Power Automateには、承認に関するアクションも用意されています。「開始して承認を待機」とい

うアクションを使うと、承認者にメールを送信し、返答があるまで次のフローに進まないようにできます（**図表6-3**）。メールの内容は、もちろん、カスタマイズできます。

図表6-3　承認依頼メールの例

条件分岐や変数

　フローには「条件分岐」もあります。承認されたかそれとも拒否されたかによってフローを分けることができます。また値を一時的に保存したり、何か計算したりするための「変数」を使うこともできます。

> **memo**　条件分岐や変数は、少し特殊なアクションで、次に説明するコネクタのうち、［コントロール］コネクタと呼ばれるものの中に含まれています。

コネクタ

　ここまで「トリガー」や「アクション」について説明してきましたが、Power Automateは、これらの機能を、「コネクタ」として提供しています。コネクタは、いわゆるプラグイン形式で増やすことがで

きる構造です。例えばMicrosoft Teamsと連係するコネクタには、「Teamsのチャネルにメッセージが投稿されたとき」「Teamsにメンバーが追加されたとき」などのトリガーがあり、「チャネルにメッセージを投稿する」などのアクションがあります。Slackのコネクタにも「チャネルの作成」や「メッセージの投稿」などがあります。実に様々なコネクタがあり、「Office 365 Outlook」でカレンダー操作できるのはもちろん、「Googleカレンダー」のコネクタもあります（**図表6-4**）。

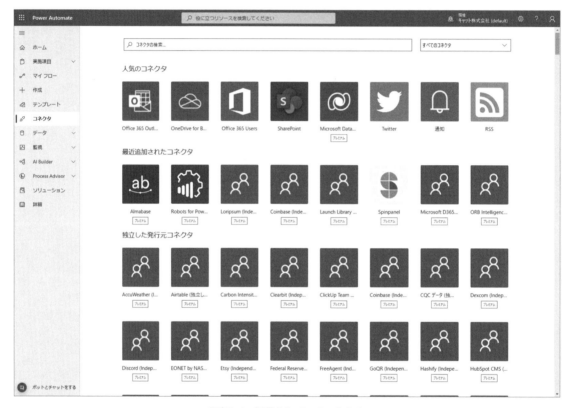

図表6-4　提供されているコネクタ

コラム **プレミアムコネクタ**

　コネクタには、「PREMIUM」と表記された「プレミアムコネクタ」と、そうではない「標準コネクタ」があります。プレミアムコネクタはMicrosoft 365のライセンスでは利用できず、別途、Power Automateのライセンスが必要なコネクタです。例えばAdobeのPDFサービスと連係したり、AzureやAWSのキューシステムやストレージと連係したり、HTTPのサービスとして実装した

りできるコネクタがあります。特にHTTPコネクタが備える「HTTP要求の受信時」というトリガーを使うと、WebのAPIとして動作するフローを作れ、Webhookとして動作する汎用的なトリガーを作れます。これにより、例えばLINEボットなどが作成可能です。

コラム	コネクタやトリガー、アクションは更新される

Power Automateは、クラウドで提供されるという性質もあり、コネクタやトリガー、アクションは都度、更新されます。そのため、新しい機能や項目が加わるだけでなく、同じ機能であっても表記名などが変わることがあります。本書で紹介しているものについても、機能や名称が変わる可能性があります。

6-1-2　この章を進めるに当たっての事前準備

本章の内容を進めるには、第5章で説明した「備品予約申請アプリ」が作られていることが前提です（ということは第2章で作成したSharePointの「備品リスト」と第4章で作成した「予約リスト」も必要です）。本章で作成した承認フローを作った後、第5章で作成した「備品予約申請アプリ」から操作すると、承認依頼メールが飛ぶという動作をします。また、承認メールを実際に送信するということもあり、Outlookなどのメール送受信環境が整っていることを前提とします。

6-2 フローを新規作成する

　それでは始めましょう。まずは、Power Automateを開いて、フローを新規作成します。Officeのホーム画面から、[Power Automate] を開きます（**図表6-5**）。

図表6-5　Power Automateを開く

6-2-1　フローとトリガーの作成

　フローを新規作成するには、次のようにします。フローの作成と同時に、トリガーも作ります。

手順　**フローとトリガーの作成**

[1]　空白から開始する

　左側メニューの [作成] をクリックして、フローの作成を始めます。クリックすると右側にいくつかの選択肢が表示されるので、[一から開始] の [自動化したクラウドフロー] をクリックして、まっさらな状態から始めます（**図表6-6**）。

図表6-6　フローを空白から開始する

> **memo**　「テンプレートから始める」を選択すると、マイクロソフト社などが目的に合わせて作成した、ある程度、出来上がっているフローから作れます。また「コネクタから始める」を選ぶと、連係したいアプリ（サービス）を選んで、そのひな型からフローを作れます。

[2]　フロー名とトリガーの設定

　新規作成するフロー名と、フローを実行するためのトリガーを選択する画面が表示されます。フロー名は任意名ですが、ここでは「備品予約承認依頼」とします。

　[フローのトリガーを選択してください] には、このフローを呼び出す「きっかけ」となるトリガーを選択します。**図表6-1**に示したように、SharePointリストの「予約リスト」に新しいアイテムが登録されたときに、このフローを実行したいので、SharePointの [項目が作成されたとき] を選択し、[作成] ボタンをクリックします（**図表6-7**）。

図表6-7　フロー名とトリガーの設定

> **memo** 図表6-7において［スキップ］ボタンをクリックすると、フロー名は「無題」となり、トリガーが未設定の状態で（フロー作成後に、1ステップ目としてトリガーを選択する）、フローが作られます。トリガーがこの一覧に出てこない、もしくは見つけにくいときは、［フローのトリガーを選択してください］を空欄にしたまま［スキップ］して、後からトリガーを選択するほうが操作しやすいかもしれません。

6-2-2　トリガーの初期設定と基本操作

　フロー作成時に［項目が作成されたとき］を選択したので、先頭に、このトリガーが置かれたフローが作られます（**図表6-8**）。

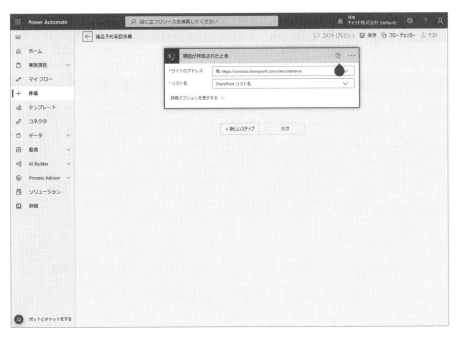

図表6-8　作成されたフロー

┃トリガーの設定

　[項目が作成されたとき] のトリガーでは、「どのSharePointリストを対象にするか」を、「サイトのアドレス」と「リスト名」として設定します。

手順　サイトのアドレスとリスト名を設定する

[1]　サイトのアドレスを設定する

　「サイトのアドレス」と「リスト名」は、Power Appsにおいてデータソースを設定するときと同じように指定します。ドロップダウンリストにサイトのアドレスの一部を入力すると、候補が表示されます。本書の通りに進めてきた場合は、「サイトのアドレス」に「examplesite」と入力すると、そのアドレスが見つかるはずなので、それを選択します（**図表6-9**）。

> **memo** 見つからないときは、SharePointサイトのURLを入力してください。URLの見つけ方について
> は、第2章のコラム「SharePointサイトのURL」を参照してください。

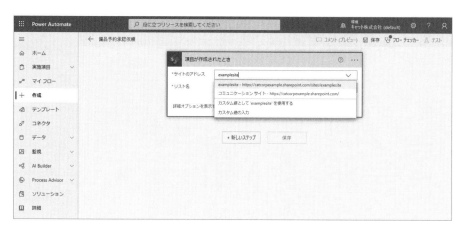

図表6-9　サイトのアドレスを設定する

［2］ リスト名を設定する

［リスト名］のドロップダウンリストから、［予約リスト］を選択します（**図表6-10**）。

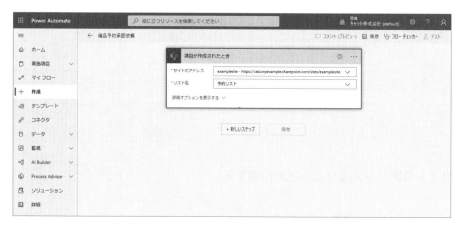

図表6-10　リスト名を設定する

以上で設定完了です。設定後は、見出しをクリックすることで、設定項目の表示・非表示を切り替え
られます（**図表6-11**）。

見出しをクリックすると、内容が
表示されたり隠れたりする

図表6-11　表示・非表示を切り替える

▌トリガーやアクションに名前を付ける

　フローに設置したトリガーやアクションは名前を変えられます。変更することで、何を処理している
のかが分かりやすくなります。例えば、いま配置した「項目が作成されたとき」を、「項目が作成された
とき - 予約リスト」のように、後ろに「- 予約リスト」と付けて、対象を分かりやすくしてみましょう。

手順　**トリガーやアクションの名前を変更する**

[1]　トリガーやアクションの [名前の変更] メニューを開く

　トリガーやアクションの見出しの [⋯] ボタンをクリックしてメニューを表示し、[名前の変更] をク
リックします (**図表6-12**)。

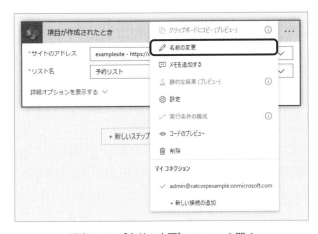

図表6-12　[名前の変更] メニューを開く

[2] 名前を変更する

見出しの部分が編集可能になるので、変更して［Enter］キーを押します（**図表6-13**）。

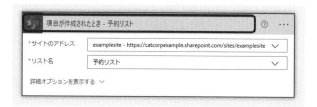

図表6-13　名前を変更する

コラム **作成したフローの保存と再開**

フロー図の下端にある［保存］ボタンをクリックすると、フローを保存できます。作成されたフローは、左メニューの［マイフロー］から開けます。ただし、一つ以上のアクションを追加した状態でなければ保存できません（トリガーだけしかない状態では保存できません）。フローの作成途中で中断したい場合は、この手順でいったん保存して、［マイフロー］から開き直すとよいでしょう。

6-3 承認フローを作成する

トリガーの下に、実際の処理——すなわちアクション——を追加していきます。まずは、承認するためのフローから追加していきます。

6-3-1 承認の挙動

Power Automateでは、どのような承認が行われるのかピンとこないかと思うので、まずは、完成後の画面を示します。**図表6-14**は、予約リストに新しい予約申請アイテムが追加されたとき、総務部に届くメールを示したOutlookの画面です。

図表6-14　承認/却下を尋ねるOutlookのメール

　このOutlookのメールには、[承認]と[却下]のボタンが設置されています。それをクリックすると
コメント欄が下方向に表示され、コメントを入力すると承認（もしくは却下）できます。つまり、メー
ルそのものがインターフェースとなっています。承認/却下を送信すると、その承認依頼メールはボタ
ンなどがなくなり、送信した結果だけが表示されるように変わります。そのため二重送信はできないよ
うになっています（**図表6-15**）。

図表6-15　送信後は結果が表示され、再送信できない

6-3-2　承認のアクションと種類

承認機能は、[承認]コネクタにあります。

承認のアクション

[承認]コネクタには、次の3種類のアクションがあります（**図表6-16**）。多くの場面で使うのは、[開始して承認を待機]アクションです。

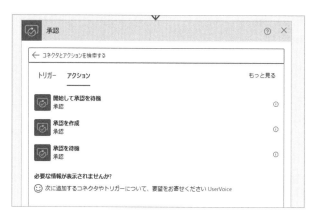

図表6-16　承認のアクション

（1）開始して承認を待機

承認を開始して、承認結果が戻ってくるまで（承認/却下を選択するまで）、次のアクションに進みません。通常は、このアクションを使います。

（2）承認を作成

承認を作るだけで、次のアクションに進みます。承認メールは送信するけれども、それとは別に、承認結果が戻ってくるまで待つことなく、別のアクションを実行したいときに使います。並列処理で何かしたいときに使います。

（3）承認を待機

（2）と組み合わせて使うもので、承認結果が戻ってくるまで、次のアクションに進まずに待ちます。

承認の種類

承認では、「どのような選択肢があるか」「承認者全員が承認でなければダメか、それとも1人でも承

認すればよいか」など、動作の挙動を、「承認の種類」として設定できます（**図表6-17**、**図表6-18**）。

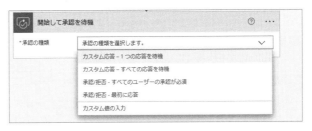

図表6-17　承認の種類

種類	応答の際に設定できる選択肢	フローが次に進む条件
承認 / 拒否 - 最初に応答	［承認］か［拒否］かのいずれか	誰か一人が応答したとき
承認 / 拒否 - すべての応答を待機	［承認］か［拒否］かのいずれか	全員が応答したとき
カスタム応答 - 1つの応答を待機	任意	誰か一人が応答したとき
カスタム応答 - すべての応答を待機	任意	全員が応答したとき

図表6-18　承認の種類

　以降の手順では、［カスタム応答-1つの応答を待機］を使って、「承認か却下かのいずれか」を返信できるようにし、1人でも承認すればそれでよいという動作にしますが、このあたりは、実際の運用に合わせて設定するとよいでしょう。なおカスタム応答の選択肢は2つに限らず、1つしか選択肢がないとか、3つ以上の選択肢があるなどの設定も可能です。

---

memo　本章の用途だと、［却下］というメッセージではなくて［拒否］というメッセージにしてしまえば、カスタム応答ではなく、［承認/拒否］でもよいのですが、他の選択肢を作りたいという使い方も多いでしょうから、あえて、応用範囲が広い、任意の選択肢を指定できるカスタム応答を用いて作成していきます。

6-3-3　承認機能を実装する

説明は、このぐらいにして、実際に承認機能を実装していきましょう。

手順　**承認機能を実装する**

［1］　新しいステップを追加する

［新しいステップ］ボタンをクリックして、新しいアクションを追加します（**図表6-19**）。

図表6-19　新しいステップを追加する

［2］　［承認］コネクタを選択する

コネクタやアクションを選択する画面が表示されます。まずは［承認］コネクタを選択します。［すべて］のところから探すのですが、とても数が多くて見つけにくいので、検索ボックスに「承認」と入力して、絞り込んで選択するとよいでしょう（**図表6-20**）。

図表6-20　[承認] コネクタを選択する

[3]　アクションを選択する

コネクタを選択すると、それに含まれるアクション (およびトリガー) が表示されます。ここでは [開始して承認を待機] を選択します (**図表6-21**)。

図表6-21 ［開始して承認を待機］を選択する

［4］ 承認の種類を選択する

承認の種類を選択します。先にも説明した通り、ここでは［カスタム応答 - 1つの応答を待機］を選択します（**図表6-22**）。

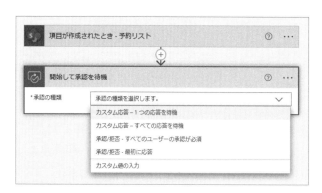

図表6-22 承認の種類を選択する

［5］ 項目を設定する

さらに追加の設定画面が表示されます。まずは［応答オプション 項目 - ］の部分で、選択できる応答の種類を設定します。ここでは「承認」と「却下」の2つを項目として設定します。一つめの項目に「承認」と入力し、［新しい項目の追加］をクリックします。すると、もう一つ入力欄が増えるので、そちらに［却下］と入力します（**図表6-23**）。

図表6-23　項目を設定する

[6] メールのタイトルや送信先を設定する

続いて、承認依頼メールのタイトルや送信先を設定します（**図表6-24**）。

（1）タイトル

メールのタイトルです。ここでは「備品予約承認申請」とします。

（2）担当者

メールの送信先です。本書の例であれば、この申請を受け取る、総務部の担当者のメールアドレスを入力します。テストの段階では、自分自身のメールアドレスを設定しておくとよいでしょう。対象者が同じ会社のOfficeユーザーであれば、メールアドレスの最初の数文字を入力するだけで補完入力できます。

図表6-24　メールのタイトルや送信先を設定する

[7] メール本文を設定する

［詳細］には、送信したいメール本文を設定します。固定されたテキストの他、トリガーやアクションに基づく、各種データ項目を埋め込むこともできます。Power Automateでは、埋め込む値のことを「動的なコンテンツ」と呼んでいます。この例であれば、予約リストに新しいアイテムが追加されたときを

トリガーにしているので、追加された予約の「備品名」「申請者名」などを埋め込めます。ここでは次のようにして、本文中に「備品名」「申請者」などを埋め込んでいきます。

（1）本文テキストの入力

　まずは固定したテキストとして、次の文言を入力します（**図表6-25**）。

> 備品の貸出予約の申請が届いています。
>
> 内容を確認し、承認を行ってください。
>
>
> 備品名：

図表6-25　本文テキストの入力

（2）備品名を埋め込む

　［動的なコンテンツの追加］のリンクをクリックすると、埋め込めるデータの候補一覧が表示されます。備品名は「Title列」なので（第5章では、もともとタイトルの列（Title列）の名前を備品名に変えたことを思い出してください）、［項目が作成されたとき - 予約リスト］の配下の［Title］を選択します。すると、本文中にそれが埋め込まれます（**図表6-26**）。

図表6-26　備品名を埋め込む

（3）他の項目も埋め込む

同様にして、他の項目も埋め込みます（**図表6-27**、**図表6-28**）。このうち説明が必要なのは「申請者」です。申請者には、「登録者 DisplayName」を設定しています。「登録者」とは、SharePointリストのデータを登録したユーザー──言い換えると、第5章の備品予約申請アプリで申請したユーザー──です。DisplayNameは「表示名（通常、姓・名をつなげたもの）」です。ですからこの値を埋め込むと、実行時にその場所には、「申請者の表示名」が入るようになります。

図表6-27　他の項目も埋め込んだところ

項目	動的なコンテンツ
備品名	Title
申請者	登録者 DisplayName
貸出希望個数	kosuu
貸出開始日	begin
貸出終了日	finish
使用目的	shiyoumokuteki

図表6-28　埋め込む項目

6-4 条件分岐のフローを作成する

[開始して承認を待機]アクションを置くことで、承認フローが始まります。このアクションは返信があるまで待つので、次のアクションが実行されたときは、承認者が「承認」を選んだか「却下」を選んだかが決まっています。そこで、どちらを選んだかによって、実行する処理を分けていきます。

6-4-1 [条件]アクションを追加する

まずは、「承認」と「却下」のどちらを選んだかによって処理を分けるため、[条件]アクションを追加します。

手順 [条件]アクションを追加する

[1] 新しいステップを追加する

フロー末尾の[新しいステップ]ボタンをクリックして、新しいアクションを追加します。

[2] [条件]アクションを追加する

[条件]アクションを追加します。このアクションは、[コントロール]コネクタの中にあります。まずは、[コントロール]コネクタをクリックして、それから[条件]アクションを探して選択してください(**図表6-29**)。

> *memo* 見つからないときは、検索ボックスに「条件」と入力して、絞り込むとよいでしょう。

図表6-29　[条件] アクションを追加する

[3]　条件を設定する

　[条件] アクションを追加すると、「条件」「はいの場合」「いいえの場合」の3つの枠が表示されます（**図表6-30**）。

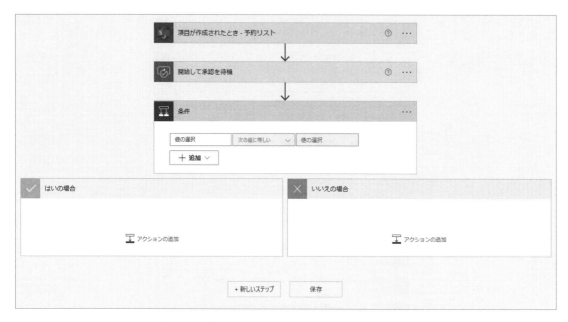

図表6-30 ［条件］を追加したときに作成されたアクション

このフローは、「条件」に設定した条件が成り立てば「はいの場合」のフローに、そうでなければ「いいえの場合」のフローに分岐します。まずは、「条件」の部分に、分岐の条件を設定します。ここには3つの入力欄があり、値の比較を設定します（**図表6-31**）。

図表6-31 条件の設定

承認フローから戻ってきたときは、「承認」か「却下」かが分かっていますが、この情報は、［開始して承認を待機］アクションに含まれる「結果」で参照できます。そこで**図表6-32**のように、［動的なコンテンツ］タブで、［開始して承認を待機］アクションに含まれる［結果］を左辺に設定します。右辺には「承認」と入力し、真ん中は［次の値に等しい］を選択します。そうすると、「結果」が「承認」のときに、この条件が成り立つようになります。すなわち、承認依頼したときの結果が「承認」であれば「はいの

場合」のフローに、そうでなければ「いいえの場合」のフローに分岐します。

図表6-32　条件を設定する

6-4-2　メールを送信する

続いて、「はいの場合」や「いいえの場合」のフローを、それぞれ作成していきます。まずは、どちら
の場合も、申請者に対して、「承認されたこと」もしくは「却下されたこと」をメールで送信する仕組み
を作っていきます。

▌メールの送信

Power Automateでメールを送信する方法は一つではなく、メールの種類ごとにコネクタが分かれて
います（**図表6-33**）。本書では、Office 365のOutlook向けの「Office 365 Outlookコネクタ」を使います。

コネクタ名	解説
Office 365 Outlook	Office 365 の Outlook メールを送信する
Gmail	Gmail で送信する
SMTP	汎用的な SMTP サーバーで送信する

図表6-33　主なメール送信のコネクタ（抜粋）

メール送信フローの実装

それでは、メール送信フローを作っていきます。

手順 メール送信フローを実装する

[1] アクションを追加する

「はいの場合」と「いいえの場合」がありますが、まずは「はいの場合」から作ります。「はいの場合」の [アクションの追加] をクリックします（**図表6-34**）。

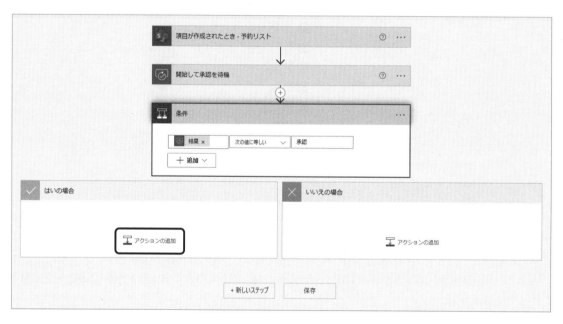

図表6-34　アクションを追加する

[2] ［メールの送信（V2）］を追加する

メールを送信するためのアクションとして、［Office 365 Outlook］コネクタで提供されている ［メールの送信（V2）］アクションを選択します（**図表6-35**）。

図表6-35 ［メールの送信（V2）］アクションを選択する

[3] 宛先を設定する

[メールの送信 (V2)] アクションを追加したら、[宛先] を設定します。これは申請に対する回答なので、予約リストの「登録者」のメールアドレスです。先ほど登録者の名前を参照するのに「登録者DisplayName」を選択しましたが、それと同様にして、メールアドレスの部分には「登録者 Email」を選択します（**図表6-36**）。

図表6-36　宛先を設定する

[4] 件名を設定する

続いて「件名」を設定します。ここには承認結果によって、定型文の中に「承認」もしくは「却下」のどちらかの文字を入れたいと思います。すでに条件のところで使ったように、承認フローの結果は [開始して承認を待機] アクションに含まれる [結果] という動的なコンテンツで参照できます。そこで件名を、次のように設定します（**図表6-37**）。

備品の予約申請は「[結果]」されました

> **memo**　今回のフローでは、「はいの場合」を通る場合は、結果が「承認」、「いいえの場合」を通る場合は、結果が「却下」なのが明らかなので、こうした動的なコンテンツを使わずに、直接「承認」とテキストとして書く方法でも構いません。

図表6-37　件名を設定する

[5]　本文を設定する

最後に本文を設定します。ここには、承認されたメッセージとともに、申請者が複数の申請を出していた場合にどの申請が承認されたかが分かるように申請の内容を含めたいと思います。まずは、冒頭部分を次のようにしましょう（**図表6-38**）（下記のテキストにおいて［結果］は、［動的なコンテンツ］から埋め込む操作を示します。以下、同様です）。

> 備品の予約申請が[結果]されました。
> [結果]された申請は以下の通りです。

図表6-38　冒頭部分を設定する

　続いて申請内容を記載していますが、承認フローのメール本文からコピーするのが簡単です。すでに作成した［開始して承認を待機］アクションの［詳細］に入力した該当部分をマウスでドラッグして選択し、［Ctrl］＋［C］キーを押してコピーします（**図表6-39**）。

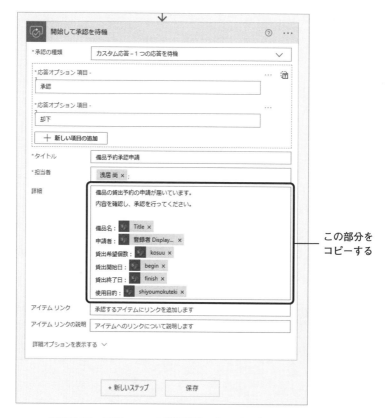

図表6-39　承認フローの詳細部分からコピーする

　そして［メール送信（V2）］アクションの［本文］の末尾に、それを貼り付けます（**図表6-40**）。このようにコネクタの設定値は、コピー＆ペーストも可能です。

図表6-40　メールの本文に貼り付ける

[6]　承認者コメントを入れる

　いま貼り付けたうちの「申請者」と「使用目的」は、申請した本人に対して送信する必要がないので削除します。そして代わりに、「承認者コメント」を入れたいと思います。承認者のコメントは、[開始して承認を待機] アクションに含まれる「回答数 コメント」という動的なコンテンツで参照できます。この動的なコンテンツを埋め込むと、その上位に「Apply to each」というアクションが自動で作成されます（**図表6-41**）。

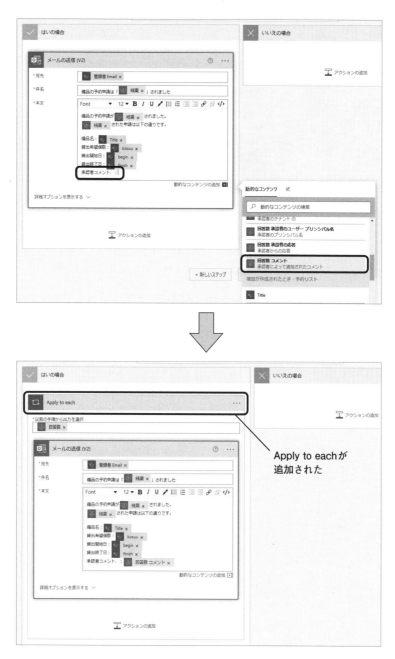

図表6-41 承認者コメントを入れる

Apply to eachは繰り返し処理をするフローです。承認者が複数名いるときはコメントがその承認者の数だけ存在するので、繰り返し、それぞれを処理していく必要があるためです。本書では［開始して承認を待機］アクションの［承認の種類］で、［カスタム応答 - 1つの応答を待機］を設定しているため、応答は常に一つしかありません。ですからこの繰り返し処理は1回しか実行されません。もし「すべての応答を待機」にする場合は、このフローだと、応答の数だけメールが返信されてしまうので注意してください。もしそうした場合でもメールを1通だけにして全コメントを送るには、変数を使ってコメントを連結して、それをメールに埋め込むというアクションを作って対応することになりますが、本書での説明は割愛します。

のちに、承認者のコメントを「予約リスト」の「shouninshacomment」に書き込むフローを作りますが、ここではまだそうしたフローを作っていないので、予約リストのshouninshacommentは空です。この段階でshouninshacommentを参照しても、承認者のコメントは取得できません。ですから、予約リストを参照するのではなくて、承認者が応答した項目に相当する［回答数 コメント］を使います。

[7]　［いいえの場合］も同様にメールを送信する

　これで承認されたときの応答メールが完成しました（ただし完全な完成はもう少し後です）。同様にして、却下されたときの応答メールも作成していきましょう。却下されたときの処理は［いいえの場合］のフローとして記述します。その内容は［はいの場合］と同じもので問題ありません。［はいの場合］のフローをコピーして、［いいえの場合］に貼り付けましょう。貼り付けるには、［アクションの追加］を選択した後、［自分のクリップボード］から選びます（**図表6-42**）。

　［いいえの場合］は、送信されるメールの件名や本文を「承認」ではなく「却下」にするわけですが、これまでの手順では、件名や本文には、［結果］という動的なコンテンツを埋め込んでいるため、承認者が却下したときには、この部分が「却下」に差し替わります。ですから単純にコピペするだけでよく、本文を変更する必要はありません。

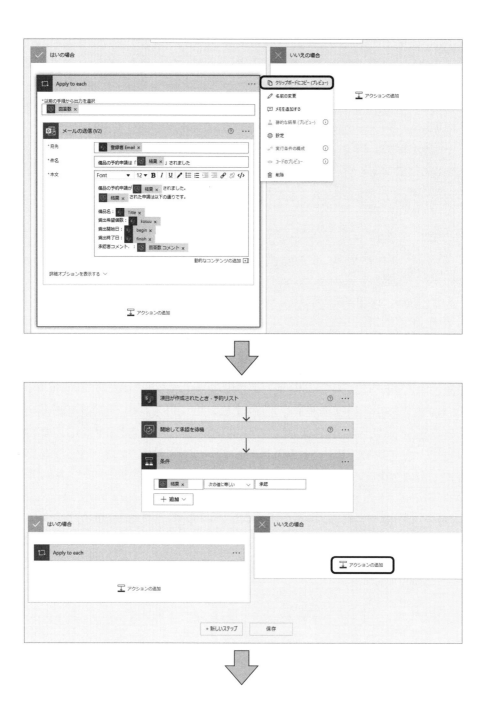

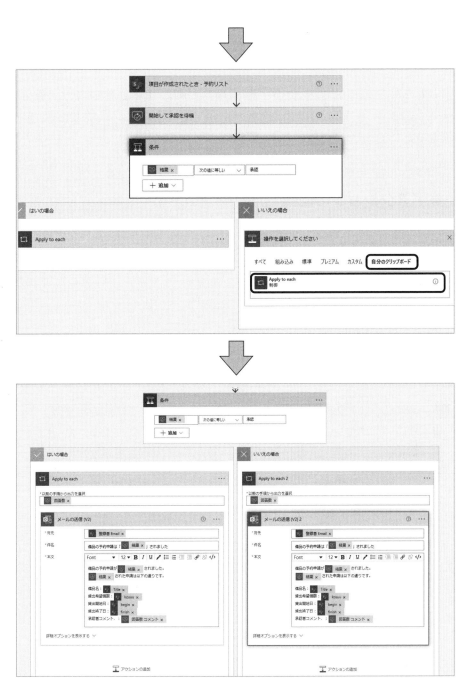

図表6-42 「はいの場合」のフローを「いいえの場合」のフローに貼り付ける

6-5 動作確認をする

　ここまで作成したら一度動作確認をしたいと思います。本来は、承認された場合には備品リストの貸出可能数を減らす処理が必要ですが、テスト段階では何度も処理を通す必要があるため、現段階では備品リストの値を変更しない状態で確認していきます。

6-5-1 終了アクションの配置

　テストするには、このフローが正しく終了したかどうかを設定する［終了］アクションの設定が必要です。フローの末尾に［終了］アクションを設定します。

手順 **［終了］アクションを設定する**

[1] 新しいステップを追加する

　［新しいステップ］ボタンをクリックして、新しいアクションを追加します（**図表6-43**）。

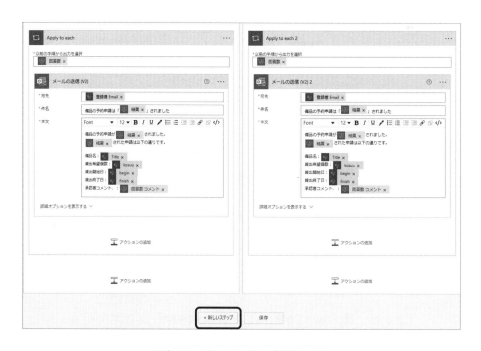

図表6-43　新しいステップを追加する

[2] ［終了］アクションを設置する

［コントロール］コネクタで提供される［終了］アクションを追加します（**図表6-44**）。

図表6-44 ［終了］アクションを追加する

[3] ［状態］を［成功］にする

［終了］アクションでは、終了状態を設定します。「成功」や「失敗」などいくつかの選択肢がある（もしくはカスタム値も入力できる）のですが、ここでは［成功］に設定しておきます（**図表6-45**）。

図表6-45 ［成功］に設定する

---

memo 成功以外に設定しておくと、ログなどに失敗として記録されます。こうした情報は、フローがう まく動かないときに役立つので、何か処理の異常が発生したときは、「失敗」という終了状態を返 すアクションを置くとよいでしょう。

コラム **編集中ではないアクションは折りたたまれる**

図表6-45を見ると分かりますが、［終了］アクションを設定しているときは、［条件］アクションな ど、他のアクションは閉じるので、フロー全体の見通しがよくなります。見出しをクリックすれば、 その内容はまた表示されます。閉じた状態では見出ししか表示されないので、どんな処理をしてい るのかを区別するため、トリガーやアクションの名前として、分かりやすいものを設定しておくこ とが大事です（6-2-2の中の「トリガーやアクションに名前を付ける」を参照）。

6-5-2　テストのポイント

　ここで確認するポイントは、以下の通りです。

（1）SharePointの動作部分について

• Power AppsからSharePointに申請がきちんと送られるか（この部分だけなら第5章で確認しているので問題ないかと思いますが、Power AppsからSharePointを経由し、Power Automateまで届くかを確認します）。

• 予約申請がSharePointに送られた後、Power Automateが自動検知して処理を始めるか。

（2）承認フローの動作部分について

• 承認フローで、承認者（ただし現段階ではテストのため自分自身）に承認のメールが送付されるか。

• 承認メールには、申請者・申請内容がSharePointから正しく取得し埋め込まれているか。また選択肢として設定した［承認］および［却下］ボタンがきちんと表示され、コメントが入力できるか。

• ［承認］および［却下］それぞれでテストし、正常動作を確認する。

• ［承認］および［却下］の操作をした際、承認メールが「承認」もしくは「却下」済みの内容に変化することを確認する。

（3）「はいの場合（承認）」および「いいえの場合（却下）」のフローの動作部分について

•「承認」および「却下」の際、それぞれできちんとメールが申請者に届くか。

• 承認時、メールの件名および内容が正しいか、コメントが反映されているか。

• 却下時、メールの件名および内容が正しいか、コメントが反映されているか。

（4）Power Automate全体について

• 処理が［終了］フローを含めて正常に完了しているか。

• テスト処理で「手動」と「自動」モードの両方を試す。

　確認することは結構多いのですが、ここまできちんと作成していれば、ほとんど問題なく動作します。むしろテストを通じてPower Automateがどのように動くのかを実際に体験し、理解を深めることが目的と言えるかもしれません。

6-5-3 テストの実際

それでは、テストを始めていきましょう。

▌承認の場合をテストする

Power Automate上で操作して、このフローのテストを始めましょう。まずは承認する場合の一連の
テストをしていきます。

手順 **テストを開始する**

[1] フローを保存する

テストに際しては、フローを保存しておく必要があります。まだ保存していないのであれば、フロー
の末尾の［保存］ボタンをクリックして、フローを保存します。

[2] 手動テストを開始する

Power Automateの右上の［テスト］をクリックします。すると、フローのテストとして、手動か自動
かを聞かれるので、［手動］を選択して［テスト］ボタンをクリックします（**図表6-46**）。

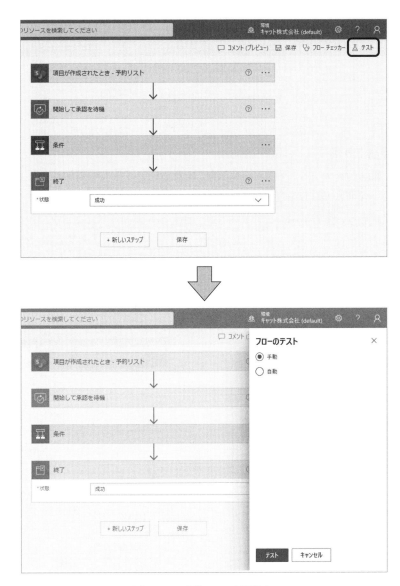

図表6-46　手動テストを開始する

[3]　データの投入待ちになる

　手動テストを開始すると、SharePointに新しいリストアイテムを追加するようメッセージが表示されます。これはPower AutomateがSharePointリストの監視を始めて、現在SharePointリストへのデータ投入待ちとなっていることを示しています（**図表6-47**）。

図表6-47　データの投入待ち

[4]　備品予約申請をする

このフローは、SharePointリストの「予約リスト」に新しいアイテムが追加されたときに動作するように作っています。ですから**図表6-47**の待ちの状態で、第5章で作成した「備品予約申請アプリ」を操作して備品予約申請をし、その結果、予約リストにアイテムが追加されると、フローが実行されます。

実際に備品予約申請しましょう。Power Appsを開いて、「備品予約申請アプリ」を再生します。そして、任意の備品を選択し、貸出個数や使用目的、貸出希望日、返却予定日を入力して、実際に申請処理をします。そうすることで、「予約リスト」に、その申請データが書き込まれるはずです（**図表6-48**）。

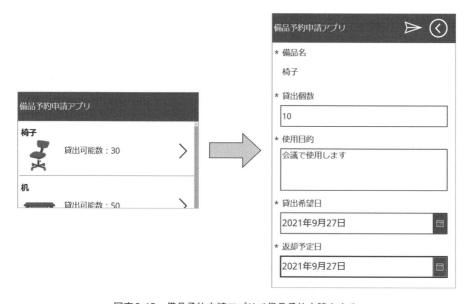

図表6-48　備品予約申請アプリで備品予約申請をする

[5]　Power Automateの動きを確認する

手順［4］の操作をして予約リストに新しいアイテム（備品申請データ）が書き込まれると、それがトリガーとなって、いま作成したPower Automateのフローが実行されるはずです。Power Automateの画

面に戻って確認すると、［項目が作成されたとき‐予約リスト］トリガーの右上にチェックマークが付いて、次の［開始して承認を待機］アクションの右上にオレンジの時計マークが表示されている状態になっているはずです（**図表6-49**）。

図表6-49　フローが実行されたことを確認する

　これは「項目が作成されたとき‐予約リスト」の処理の実行が始まり（緑色のチェック）、現在は承認処理に入っているものの、待機状態にあること（オレンジ色の時計マーク）を示しています。すなわち、Power Automateがすでに承認依頼メールを送付するところまでは実行しており、その応答を待っている状態です。

コラム　正しく動かないときは

　図表6-49のように表示されないときは、SharePointの「予約リスト」にデータが入っているかどうかを確認して、何が問題かを切り分けましょう。データが入っていなければ、第5章で作成した備品予約申請アプリの問題です。そうでなければ、この章で作成したPower Automateのフローの問題です。なお、手動テストを実行した後、一定時間、SharePointにデータが投入されなかった場合には、タイムアウトした旨のメッセージが表示され、待ちの状態が解除されます。その際には、再度、最初からテストをやり直してください。

---

[6]　承認依頼メールを確認する

　図表6-49に示したように、承認を待機している状態であれば、［開始して承認を待機］アクションの［担当者］に設定した宛先にメールが届いているはずです。Outlookを開いて、メールを確認しましょう。もしメールが届いていないときは、［開始して承認を待機］アクションに設定した［担当者］のメールアドレスが間違っていないかを確認してください。メールが届いていれば、次に内容を確認します。これは［開始して承認を待機］アクションに設定した［タイトル］と［詳細］に相当します。

[タイトル] は、メールの「件名」に相当するもので、ここは動作としての確認項目はなく、誤字脱字の確認ぐらいです。[詳細] は、メールの本文に相当する部分です。動的なコンテンツを用いてデータを埋め込むように設定したので、それらのデータが正しく埋め込まれているかどうかを確認します。ここでズレが発生している場合、動的なコンテンツの項目が間違っていないか、そして予約リストの内容、第5章で作成した備品予約申請アプリの処理が間違っていないかを確認してください。

そしてメールには、[応答オプション 項目] で設定した選択肢のボタン、すなわち、[承認] と [却下] のボタンが表示されていることを確認してください (**図表6-50**)。

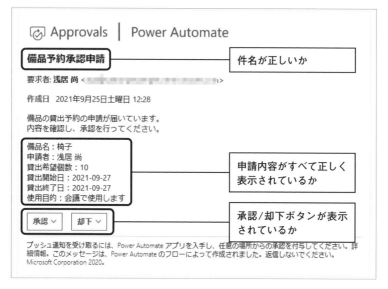

図表6-50　届いたメールを確認する

[7]　コメントを入力して承認する

ここでは承認のテストをします。[承認] をクリックして選択し、[コメント] の部分に何かしらのコメントを入力して [送信] ボタンをクリックしてください。[送信] ボタンをクリックするとボタンが消えて、承認済みの旨のメッセージが表示されます (**図表6-51**)。これで承認者——本書の例では総務部の担当者——の操作は完了です。

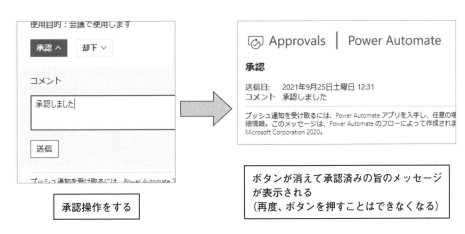

図表6-51　コメントを入力して送信する

[8]　申請者に届くメールを確認する

　承認者が、このように承認操作することで、Power Automateでは、条件アクションの［はいの場合］のフローに進み、申請者に承認されたメッセージを送る処理がされています。申請者（ここでは自分自身）のメールボックスを確認して、承認メールが届いているかどうかを確認しましょう。

　まずは、件名が正しく表示されているかを確認します。件名には、動的なコンテンツを用いて「備品の予約申請は「結果」されました」と設定しています。［結果］は承認者が返答した文字列です。ここでは［承認］ボタンを押しているので「承認」が格納されているため、「備品の予約申請は「承認」されました」という件名になっているはずです。

　併せて、本文が正しいかを確認します。ここには「備品名」「貸出希望個数」など、そして承認の際に入力した「コメント」（**図表6-51**で入力したもの）を設定していますから、これらが正しく記載されているかどうかを確認します（**図表6-52**）。

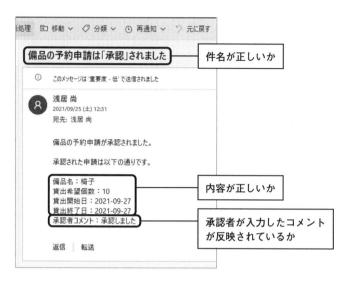

図表6-52　申請者に届くメールが正しいかどうかを確認する

[9]　フローが完了したことの確認

　ここまで確認できたら、Power Automateの処理は、すべて終わっているはずです。Power Automateで確認してみましょう。おそらく上端に「ご利用のフローが正常に実行されました。」という緑のメッセージバーとともに、各フローに緑色のチェックマークが付いていると思います。この状態であれば、正常に完了しています（**図表6-53**）。

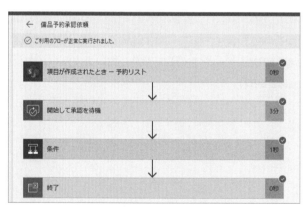

図表6-53　すべてのフローに緑色のチェックが付いていれば、フローは完了している

[10] 編集画面に戻る

これでいったんテストは終わりです。右上の［編集］ボタンをクリックして、Power Automateの編集画面に戻ってください（**図表6-54**）。

図表6-54　編集画面に戻る

コラム　テストで実行された処理の内容を確認する

テスト完了後の各フローをクリックすると、そのときのテストで実行された処理の内容を確認できます。テストがうまくいかなかったときは、各フローを確認してみてください。例えば本文中の例では、承認者が承認した場合、条件アクションの結果は「true」となるはずですが、「false」だった場合は、条件式が何らかの理由で一致していません（**図表6-55**）。そこでそれを手がかりに原因を掘り下げて調査していきます。

図表6-55　条件アクションをクリックしたところ

falseだった場合の原因として考えられるのは、「条件アクション左側に指定しているのが［結果］ではなく、異なる動的なコンテンツを選択してしまった」「条件アクションの右側の文字列が『承認』ではない」「承認アクションの応答オプション（ユーザーが選択できる選択肢）が『承認』になっていない」など、条件アクションに指定している左側の項目や右側の項目が正しいかどうかを再確認することで、その原因箇所を狭めて突き止めていきます。

▌テストデータを再利用して却下の場合をテストする

ここまで、届いたメールの［承認］ボタンを承認者がクリックすることで、条件アクションの［はいの場合］のフローをテストしました。次に、［却下］ボタンをクリックして、［いいえの場合］のフローをテストしていきます。もう一度、最初からテストするのは手間がかかるので、以下の手順では、Power Appsで作ったアプリで再度申請するのではなく、いまの［はいの場合］のフローで使ったテストデータを再利用して簡略化します。

手順 **テストデータを再利用してテストする**

［1］ 自動テストを選択する

1回目のテスト（承認を選んだときのテスト）と同様に、［テスト］をクリックします。すると［手動］と［自動］が表示されますが、今回は［自動］を選びます。［自動］を選んだときは、［最近使用したトリガーで。］という項目があるので、それを選択し、続いて、［成功］と表示されている項目を選択します。この［成功］は、1回目のテストにおける（Power Appsで作った備品予約申請アプリを操作することによってSharePointリストにデータが投入されたために発生した）SharePointリストのトリガーのデータを示しています。これを選択すると、Power Appsから再入力する必要がありませんし、1回目と同じデータを使えるので、繰り返しテストするうえで便利です（**図表6-56**）。

図表6-56　自動テストを選択すると、過去のテストデータを選んで実行できる

［2］ 却下の操作をする

実行すると、承認者にメールが届きます。届いたら今度は、承認/却下のボタンで［却下］をクリックします。そしてコメントを入力して［送信］ボタンをクリックします（**図表6-57**）。

使用目的：会議で使用します
承認
却下
コメント
却下します
送信

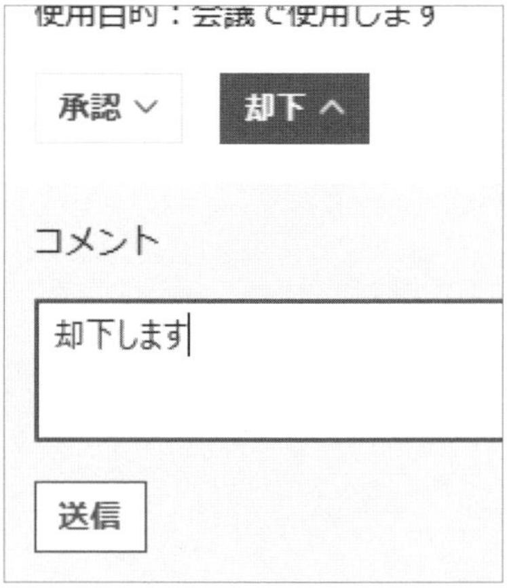

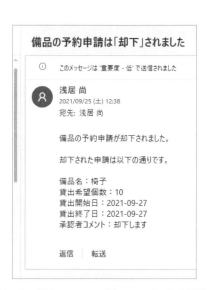

図表6-57　却下の操作をする

[3]　メールを確認する

手順［2］の操作によって、条件アクションは［いいえの場合］のフローに進むはずです。それによって、申請者にメールが送信されます。申請者に届いたメールを確認し、件名や本文に［結果］として埋め込んだ動的なコンテンツが「却下」になっていることを確認します（**図表6-58**）。

備品の予約申請は「却下」されました
このメッセージは '重要度 - 低' で送信されました
浅居 尚
2021/09/25 (土) 12:38
宛先: 浅居 尚
備品の予約申請が却下されました。
却下された申請は以下の通りです。
備品名：椅子
貸出希望個数：10
貸出開始日：2021-09-27
貸出終了日：2021-09-27
承認者コメント：却下します
返信
転送

図表6-58　却下のメールが届いていることを確認する

[4]　全体のフローが正常に終了したことを確認する

最後に全体のフローを確認し、すべてに緑色のチェックが付いており、正常に終了したことを確認し

ましょう（**図表6-59**）。

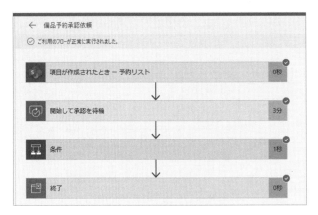

図表6-59　正常に終了したことを確認する

6-6　承認した際にSharePointリストを更新する

　これで承認や却下の仕組みができました。次に、承認した後に、SharePointリストを変更する処理を作っていきます。いま作っているフローでは、予約リストと備品リストのそれぞれについて、次の処理が必要です。

（1）予約リスト

　「申請が承認もしくは却下された」という状態にします。予約リストには、承認に関する次の3つの列を用意しています（第4章を参照）。これらに適切な値を設定します（**図表6-60**）。これらの値は、承認のときも却下のときも設定します。

列名	用途	設定する値
approvalstate	承認状態の文字列	承認したときは「承認済み」、却下したときは「却下済み」という文字列を設定する
approvestate	承認状態	承認者が承認/却下の操作が済んだかどうかの状態。承認/却下にかかわらず、承認操作をしたのであれば［はい］を設定する
shouninshacomment	承認者のコメント	承認もしくは却下の際のコメントを設定する

図表6-60　予約リストに設定すべき値

（2）備品リスト

承認したときは、備品リストの該当アイテムの貸出可能数（canuse）を、予約リストの貸出個数（kosuu）だけ引きます。

6-6-1 予約リストの更新

まずは、予約リストの更新処理から作成していきます。

▍予約リストに承認状態が入るようにする

実際に、そのためのアクションを作っていきましょう。SharePointリストの項目を更新するには、［項目の更新］アクションを使います。

手順 予約リストを更新するアクションを作る

［1］ アクションを追加する

最終的には、条件アクションの［はいの場合］と［いいえの場合］のどちらのフローにも作るのですが、まずは、［はいの場合］のほうから作っていきます。［はいの場合］のフローの一番下の［アクションの追加］をクリックします。そしてSharePointの［項目の更新］アクションを選択します（**図表6-61**）。

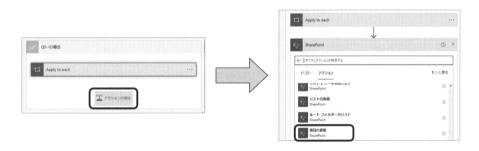

図表6-61　［項目の更新］アクションを追加する

［2］ 更新する値を設定する

配置した［項目の更新］アクションで、どの列にどの値を設定するのかを設定します。ここでは、**図表6-60**に示した「approvalstate」「approvestate」「shouninshacomment」の3つを追記するもので、他の項目は変更しません（**図表6-62**）。

図表6-62 ［項目の更新］アクションの設定

- ［サイトのアドレス］と［リスト名］は、対象のSharePointサイトとSharePointリストです。ここでは「examplesite」と「予約リスト」を、それぞれ設定します。
- 「ID」「Title」「kosuu」「shiyoumokuteki」「begin」「finish」は、値を変更しないので、［動的なコンテンツ］タブから［ID］、［Title］、［kosuu］など、同名のものを選んで設定します。
- 「approvalstate」には、文字列で承認状態として「承認済み」と入力します。
- 「approvestate」は承認処理が済んでいるかの項目です。ドロップダウンリストから［はい］を選択します。
- 「shouninshacomment」には、入力されたコメントを入れたいので、メール作成のときにも使った［回答数 コメント］を設定します。

> **memo** ［回答数 コメント］を設定すると、全体が［Apply to each］アクションで囲まれます。

コラム 既存データの引き継ぎとnull値

　［項目の更新］アクションの各項目を空欄にすると、現在の値のままとなります。ただし「*」が付いている項目は必須項目であり、空欄にできません。必須項目の値をそのままにしたいときは、今

回のように、同じ項目の動的なコンテンツを設定します。値を消したいときには、「null」という特別な値を設定します。nullは、[式] タブから入力します (**図表6-63**)。

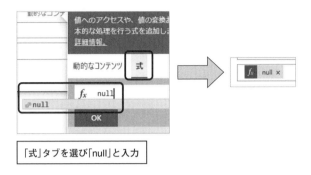

「式」タブを選び「null」と入力

図表6-63　値を消したいときは「null」を設定する

動作の確認

　以上で、予約リストの更新の実装は完了です。実装が終わったらテストし、動作を確認します。先ほどと同じく「自動」でテストします。まだ承認の場合のフローしか実装していないので、メールでは「承認」を選択してください。テストが終わったら、SharePointで「予約リスト」を開きます。すると、「approvalstate」「approvestate」「shouninshacomment」の3つの項目にデータが入っていることが確認できます (**図表6-64**)。

＋ 新規	⊞ グリッド ビューでの編集	⊘ 共有	◎ エクスポート ∨	ᏗᏗ 自動化 ∨	⊞ 統合 ∨	⋯	☰

予約リスト ☆

bihinname ∨	kosuu ∨	approvalstate ∨	shiyoumokuteki ∨	approvestate ∨	shouninshacom... ∨	begin ∨	finish ∨
椅子	10		会議で使用します			2021/09/23	2021/09/23
椅子	10	承認済み	会議で使用します	✓	9/30承認しました	2021/09/27	2021/09/27

図表6-64　予約リストに値が設定された

複製して [いいえの場合] のフローを作る

　いま作成したのは、承認したときに通る [はいの場合] のフローです。却下のときに通る [いいえの場合] のフローも同様にして作ります。[いいえの場合] の作り方も同じで、[項目の更新] アクションを使います。[はいの場合] との違いは、「approvalstate」を「却下済み」にするところだけで、他は同

じです（**図表6-65**）。［はいの場合］で作成したフローを複製して作るのが簡単です。

図表6-65　［いいえ］のフローを作る

6-6-2　備品リストの更新

続いて、備品リストのデータを更新する処理を作っていきます。

▌備品リスト更新の考え方

備品リストの更新は、先ほどの予約リストに比べて複雑です。それはこのフローが、予約リストをトリガーとして実行しており、備品リストとは直接のつながりがないためです。そこでまずは、備品リストを、このフローで利用できるようにしなければなりません。そのためには［複数の項目の取得］というアクションを使います。

データを更新するには、予約リストのときと同様に、［項目の更新］アクションを使います。ここで更新したいのは、備品リストの「canuse」（貸出可能数）ですが、そのままではすべての備品のcanuseが更新されてしまうので、備品リストの備品を予約する備品に絞り込んで取り出し、それらに対してだけ更新する必要があります。SharePointリストの対象項目を限定するには、「フィルター」という機能を指定します。フィルターを指定すると、備品リストの中から、椅子なら椅子の項目のみ取り出すことができます（**図表6-66**）。

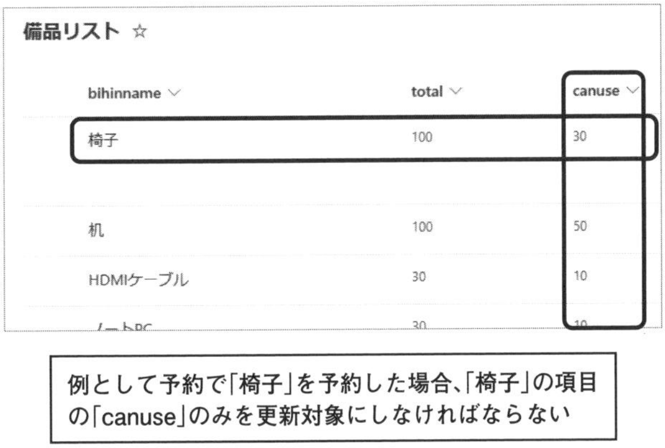

備品リスト ☆

bihinname ∨	total ∨	canuse ∨
椅子	100	30
机	100	50
HDMIケーブル	30	10
ノートPC	30	10

例として予約で「椅子」を予約した場合、「椅子」の項目の「canuse」のみを更新対象にしなければならない

図表6-66 フィルターをかけて取り出したものに対して適用する

更新対象の備品リストを取得する

こうした考え方を踏まえて、備品リストを更新する処理を作っていきます。まずは、更新対象となる備品リストの項目を取得するところまでを作りましょう。

手順 更新対象の備品リストを取得する

[1] アクションを追加する

備品リストを更新するのは、申請が承認された場合のみ、つまり、[はいの場合] のフローの処理のみです。そこで [はいの場合] のフローの最後に、新しいアクションを追加します。ここでは、SharePointコネクタの [複数の項目の取得] アクションを追加します（**図表6-67**）。

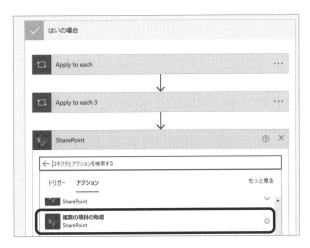

図表6-67 [複数の項目の取得] アクションを追加する

コラム　[項目の取得] と [複数の項目の取得]

　Power AutomateでSharePointリストを参照する場合、[項目の取得] アクションを使う方法と、[複数の項目の取得] アクションを使う方法があります。前者は、対象のリストから1つの項目を参照するもので、後者は複数の項目を参照するものです。ここでの用途では、備品リストから更新対象の項目を1つだけ取得すればよいので、([複数の項目の取得] ではなく) [項目の取得] でも良さそうな気がします。しかし予約リストと備品リストとの間に、(リストの「ID」同士の) つながりがないため、[項目の取得] では、目的を達せられません。

　そこでここでは [複数の項目の取得] を使い、IDではなく備品名に対するフィルターを設定することで絞り込むという方法をとっています。本書のサンプルでは、「備品名が合致するかどうか」で更新対象を決めているため、備品リストに同名の備品がある場合には、正しく動かないので注意してください。

---

[2] 該当の備品の項目に絞り込む設定をする

　配置した [複数の項目の取得] アクションに対して、必要な設定をしていきます。

- [サイトのアドレス] は、対象のSharePointサイト名です。本書の例では「examplesite」です。
- [リスト名] は、参照したいSharePointリストです。[備品リスト] を選択します。
- [詳細オプションを表示する] をクリックして詳細オプションを表示し、[フィルタークエリ] に、絞り込む式を設定します。ここでは、備品リストの「備品名」が、予約リストの「備品名」に合致するものだけに絞り込みます。

　フィルタークエリに「列名 eq 値」という書式を設定すると、該当列がその値であるものだけに絞り込まれます。「eq」はイコール (equal) の略で、等しいという意味です。備品名の列は、SharePointのリスト上では「bihinname」ですが、SharePointの仕様により、先頭列名は「Title列」という扱いになっています (第2章で備品リストを作成したとき、タイトルの列をbihinnameという名前に変更したことを思い出してください)。そこで、「Title eq 予約リストの備品名に相当する値」を指定します。

　では「予約リストの備品名に相当する値」は何かと言いますと、これは予約リストの列名の「Title」です。[動的なコンテンツ] タブから、[項目が作成されたとき - 予約リスト] の中にある [Title] を指定します (**図表6-68**)。

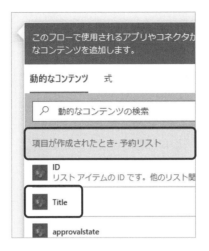

図表6-68　予約リスト上のTitle列

　それでは「Title eq [Title]」のように記述すればよいかというと、これではダメです。動的なコンテンツを、そのまま置いた場合、その部分はそのまま置換されます（椅子を選んでいたとすると、「椅子」という文字列に置き換わります）。ここで指定したいのは、文字列の値なので、前後を「'（シングルクォーテーション）」で囲む必要があります。つまり、**図表6-69**のように設定します。

```
Title eq ' [Title] '
```

図表6-69　［複数の項目の取得］アクションの設定

　［複数の項目の取得］アクションの設定は、これで終わりですが、ミスが発生しやすい箇所なので、この時点でテストし、エラーが出ないことを確認するとよいでしょう。

これで更新対象の備品リスト項目を取得できました。この備品リストに対して、更新するアクションを追加します。ここも少し複雑ですので、一歩ずつ進めていってください。

ループで繰り返しながら更新する

ここでやりたい処理を改めて確認すると、「備品リストの該当アイテムの貸出可能数（canuse）を、予約リストの貸出個数（kosuu）だけ引く」ということです。備品リストの該当アイテムは、すでに配置した［複数の項目の取得］アクションで取得できています。ですから、このアイテムに対して予約リストのときと同じように［項目の更新］アクションを使えば更新できます。具体的には、canuse列に「canuse - kosuu」の値を設定します。

［複数の項目の取得］アクションで取得した項目は、（実際には備考名に重複がなければ1つしかありませんがPower Automateの動作としては）複数の項目が返されます。そこで、それらをループで繰り返し処理しながら更新していきます。繰り返しながら更新するには、［Apply to each］アクションを使います。

すぐ後に説明しますが、［Apply to each］アクションで取得したデータを一度、変数に格納しないと計算対象の式として扱えないため、現在の値をいったん変数に格納するというアクションも追加します。

備品リストを更新するアクション

考え方が分かったところで、実際に作っていきましょう。

手順 備品リストを更新するアクションを作る

[1]　［Apply to each］アクションを作る

［複数の項目の取得］アクションの直下で［アクションの追加］をクリックして、［コントロール］コネクタの［Apply to each］アクションを追加します（**図表6-70**）。

図表6-70　［Apply to each］アクションを追加する

[2]　繰り返しの対象を選択する

　［Apply to each］アクションを追加したら、何に対して繰り返すのかを［以前の手順から出力を選択］の部分に設定します。ここでは直前の［複数の項目の取得］アクションで取得した項目に対して繰り返したいので、［動的なコンテンツ］タブにある［複数の項目の取得］アクションの［value］を選択します（**図表6-71**）。**図表6-71**の説明を見ると分かるように、valueは「アイテムの一覧」と書かれており、取得したすべてのデータを示します。

図表6-71 ［複数の項目の取得］アクションの［value］を選択する

[3] canuseの値を保存するための変数を作る

　［Apply to each］で一つひとつ取り出したアイテムの値を参照するには、一度、変数に保存しなければなりません。変数とは、値を一時的に保存する箱のことです。第3章では、Power Appsにて変数を使いました。Power Automateの変数もこれと似ていますが、使い方が違います。大きな違いとして、Power Appsでは使いたいときにすぐに使えますが、Power Automateでは、最初に「初期化」というアクションを実行して、「これから変数を使う」という定義をしなければならないという点が挙げられます。初期化のアクションは、Apply to eachの外に配置する必要があります。

　そこでまずは、ここで参照したいcanuseを保存するための変数を作ります。変数の名前は任意ですが、ここでは「貸出可能数」という変数名にします。変数には「種類」の設定が必要です。これは「文字列」「整数」などの値の種類のことです（プログラミング経験がある人向けに言えば、変数の「型（かた）」です）。これから扱おうとしているcanuse列は、SharePointリストで種類を［数値］として定義しており、これは［Float］（浮動小数型）に相当するため、それを選択します。具体的な設定手順は、下記の通りです（**図表6-72**）。

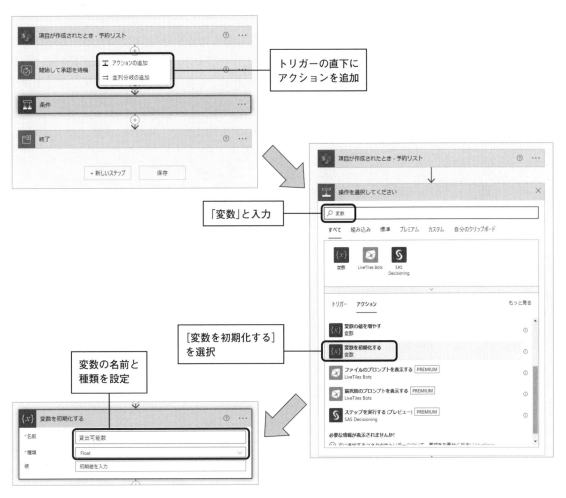

図表6-72 「貸出可能数」という名前の変数を追加する

- ここでは分かりやすくするため、[変数を初期化する]アクションをトリガー直下に置きたいと思います。先頭のトリガーの直下の[+]ボタンをクリックし、[アクションの追加]を選択して追加します。
- アクションを追加したら、検索ボックスに「変数」と入力し、[変数を初期化する]アクションを追加します。
- [変数を初期化する]アクションが追加されたら、[名前]の部分に「貸出可能数」と入力し、[種類]の部分で[Float]を選択します。

[4] canuseの値を変数に代入する

これで「貸出可能数」という変数を使えるようになりました。先ほどの［Apply to each］の中に、この変数に対してcanuseの値を設定するアクションを追加していきます。［Apply to each］の中の［アクションの追加］をクリックして、［変数の設定］アクションを追加します。追加した［変数の設定］アクションでは、［名前］の部分で、[3]で作成した［貸出可能数］の変数を選択します。そして［値］として、［動的なコンテンツ］からcanuseを選択します（**図表6-73**）。

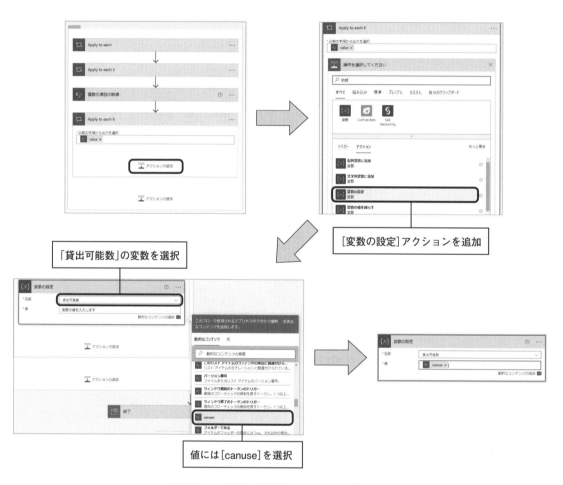

図表6-73　［変数の設定］アクションを追加する

[5] 項目を更新する

以上で、前準備は完了です。この時点で、「貸出可能数」という変数に、現在のcanuseの値が設定さ

れています。そこで、「貸出可能数 - kosuu」の値を、新しくcanuse列に設定するというアクションを追加します。列に値を設定するには、予約リストのときと同じく、SharePointコネクタの［項目の更新］アクションを使います。［変数の設定］アクションの直下に［項目の更新］アクションを追加して、まずは、次のように操作します（**図表6-74**）。

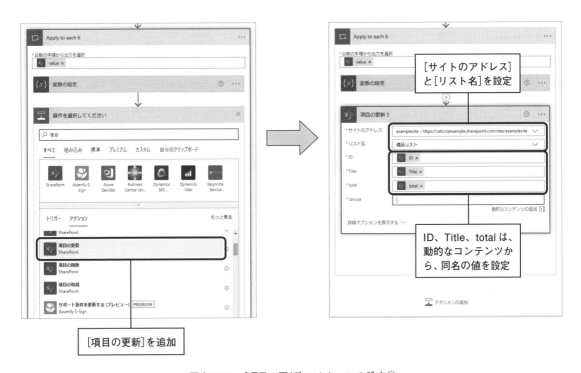

図表6-74　［項目の更新］アクションの設定①

　続けて［canuse］列に設定する値を追加します。canuse列は、「貸出可能数 - kosuu」です。この値は、subという関数を使って計算します。sub関数は、「sub（引かれる数, 引く数）」の書式で記述することで引き算を計算する関数です。次のように操作することで、sub関数を使った式を設定します（**図表6-75**）。

- ［式］タブに切り替え、数学関数の中から［sub］を選択します。
- ［動的なコンテンツ］タブに切り替え、［変数］にある「貸出可能数」を選択します。
- 「,」（カンマ）を入力します。
- ［kosuu］を選択します。

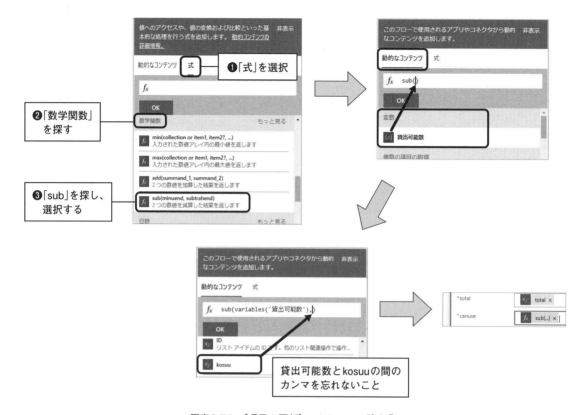

図表6-75 ［項目の更新］アクションの設定②

6-6-3 動作の確認

　ここまでできたらフロー作成は終了です。最後にテストをしましょう。テストのやり方は、これまでと同じです。確認すべき点は、備品リストの貸出可能数が、正しく減っているかどうかなので、テスト前に一度SharePointで備品リストを開き、「canuse」の値を確認しておきます。そしてテストを実行し、処理が正常に完了すること、および申請した個数分だけSharePointの備品リストの「canuse」が減少していることを確認してください（図表6-76）。

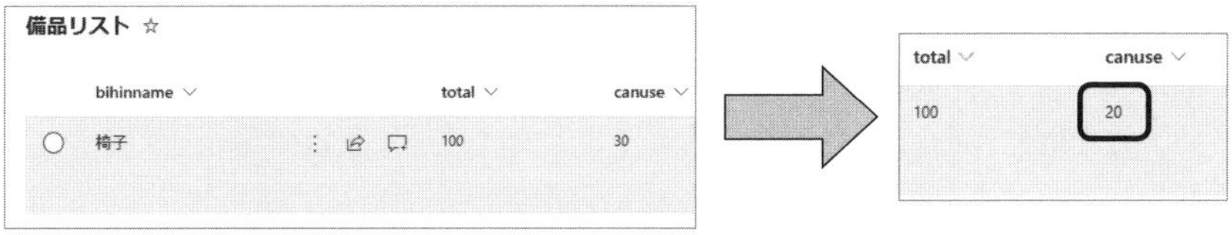

図表6-76　承認したときにcanuseが減ることを確認する

6-7　まとめ

　この章では、Power Automateを使って、承認フローを作ってきました。

（1）トリガーとアクション

　Power Automateでは、一連の処理の流れのことを「フロー」と呼びます。フローは、何かしらの「トリガー」から始まります。トリガーとは、「データが変更された」「メールが届いた」「ボタンがクリックされた」など、起動のきっかけとなる事象のことです。フローには、何か処理をする「アクション」をつなげて、全体の処理の流れを作っていきます。

（2）メールを使って承認する

　承認のためのアクションを使うと、メールを使って承認できます。承認メールには、［承認］［却下］など、いくつかの選択肢を付けられます。

（3）条件判定する

　承認結果を判定するには、［条件］アクションを使って分岐します。

（4）テスト

　テストには「手動テスト」と「自動テスト」があります。［手動］を選択すると、トリガーの発生待ちの状態となり、そのトリガーの条件を満たすとフローが実行されます。［自動］を選択すると、過去のテストと同じトリガー条件で、フローを再実行できます。

（5）SharePointリストの更新

　SharePointリストを更新するには、［項目の更新］アクションを使います。

（6）トリガーと関係ないSharePointリストの更新

　トリガーと関係ないSharePointリストを更新するには、［複数の項目の取得］アクションを使って、操作したいアイテムを取り出し、それぞれのアイテムに対して、［項目の更新］アクションを実行します。アイテム一つずつを更新するため、［Apply to each］アクションが必要です。

（7）値の取り出し

　取り出したそれぞれの値を参照するには、いったん変数に格納します。変数を使うには初期化が必要です。［変数を初期化する］アクションは、［Apply to each］アクションの外側に置きます。

07

第7章

Power BIで分析資料を
作成する

7-1 Power BIの概要とインストール

Power BIを使うと、SharePointなどに集めたデータからグラフィカルなレポートを作れます。この章では、Power AppsやPower Automateで処理したデータをPower BIでレポート化することで、ためたデータを有効活用する事例を紹介します。

Power BIを端的に説明すると、Excelの表機能や各種グラフ機能、Power Pointの自由度の高いオブジェクト（テキストやグラフなど）の配置、Accessの集計機能やテーブル同士を結合して新たな表（ビュー）を作成する機能など、各Officeシリーズの特徴となる部分をレポートという目的に合わせて組み合わせ、それをOffice 365のオンラインサービスに最適化したものだと言えます。

この章では、これまで作ってきたSharePointの予約リストを題材にして、Power BIを扱っていきます。素材となるデータが少ないため、Power BIの入り口レベルの学習とはなりますが、Power BIの概念を理解するのには十分なはずです。

7-1-1 Power BIとライセンス

Power BIは、アプリである「Power BI Desktop」の利用は無償ですし、ほとんどの場面で追加の料金はかかりません。Power BIアプリを使ってレポートを作成したり、他のユーザーが作成したレポートファイルを開いたりすることまで無償で行えます。ローカルのデータ（Excelなど）を使ったレポートの作成であれば、Office 365へのサインインも費用も必要ないため、気軽に試せます。Microsoft 365やOffice 365のライセンスがあれば、オンラインサービス上のデータ（ExcelやSharePointなど）を利用したレポートの作成も無償です。

一方、他のユーザーにOffice 365のオンラインプラットフォームを通じてレポートを配布するには、有料のProおよびPremiumのライセンスが必要です。Office 365 E5のプランには、Power BI Proのライセンスが含まれています。ライセンスが含まれていないプランでも、作成したレポートは、Power BIファイル（*.pbix）の他、PDFファイルとしても出力できるため、メールなどで少人数に配布する程度であれば、無償の範囲内でも十分、活用できます。

本書はPower BIの使い方を学習することが目的なので、無償版で説明します。

7-1-2　Power BIのインストール

　Power BIを利用するには、アプリである「Power BI Desktop」が必要です。Office 365に組み込まれたアプリではないため、別途PCにダウンロードしてインストールする必要があります。

　下記の公式サイトのダウンロードページにアクセスし、ページ内のリンクからMicrosoft Storeに遷移してインストール、もしくはアプリケーションパッケージをダウンロードしてインストールします（**図表7-1**）。インストール手順そのものは、Power BI固有のものはなく、ウィザードの通りに進めれば完了するので、ここでの説明は割愛します。

【Power BIダウンロードページ】

https://powerbi.microsoft.com/ja-jp/downloads/

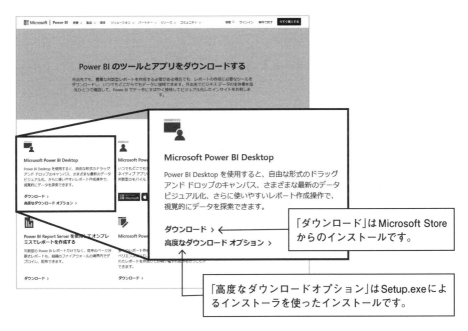

図表7-1　Power BI Desktopをダウンロードする

7-2 Power BIにオンラインサービス上の データを取り込む

それでは、インストールしたPower BIを使っていきましょう。まずは、デスクトップ上のアイコンもしくはスタートメニューから、Power BIを起動します。Power BIを起動した後、レポートを作成するために最初にやるべきことは、「データを取得する」ことです。

オフラインやオンプレミス環境の場合は、データとして、ExcelやCSVファイル、SQL Serverなどを利用することが多いですが、オンラインサービス上のデータとして、本書で作成したようなOffice 365オンラインサービス上のSharePointはもちろん、他社データのSalesforceレポートやGoogleアナリティクスなども対象にできます。

今回は、本書でこれまで作成してきたSharePointの予約リストをデータとして、レポートを作成する流れを見ていきます。まずは、次の手順で予約リストをインポートします。

手順 **SharePointリストをインポートする**

[1] SharePoint Onlineリストからデータを取得する

起動画面で [データを取得] をクリックします。「データを取得」ダイアログボックスが表示されたら、左メニューから [オンラインサービス] をクリックし、[SharePoint Onlineリスト] を選択します (**図表7-2**)。

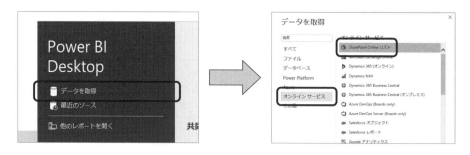

図表7-2　SharePoint Onlineリストからデータを取得する

07

[2]　SharePointリストのURLを入力する

　すると、SharePointのリストのURL情報を入力する画面が表示されるので、これを入力します。Power BIは、これまで使ってきたPower AppsやPower Automateとは違い単独のアプリなので、オートコンプリートなどの自動入力はありません。手入力してください。SharePointリストのURLは第2章のコラム「SharePointサイトのURL」を参考に調べることもできますが、より簡単に、Office 365上でSharePointのサイトを開き、そのURLを貼り付ける方法でも構いません（**図表7-3**）。

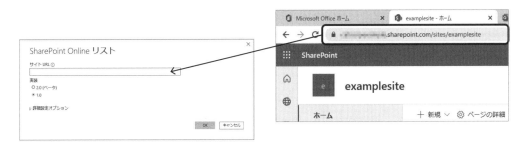

図表7-3　SharePointリストのURLを入力する

[3]　Microsoftアカウントでサインインする

　SharePointリストのURLを入力すると、アクセスするためのアカウント情報を尋ねられます。ここまでの章で使ってきたのと同じMicrosoftアカウントでサインインしてください（**図表7-4**）。

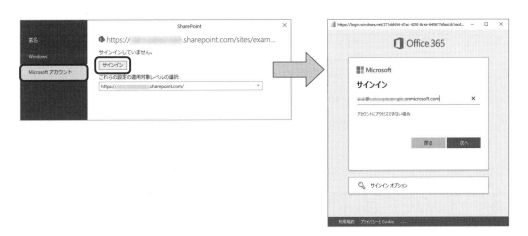

図表7-4　Microsoftアカウントでサインインする

接続に成功すると、その接続情報はPower BIに保存されます。そのため次回以降、レポートを作成するときは、［最近のソース］から選ぶだけで、サインインなしでアクセスできるようになります。

接続に必要なサインイン情報は、［ファイル］―［オプションと設定］―［データソース管理］に保存されています。［データソース管理］で、対象のSharePointのサイトを選択し、［アクセス許可のクリア］を実行すると、保存されている情報を削除できます。

［4］ 対象のSharePointリストを選択する

接続すると、SharePointのリスト一覧が表示されるので、インポートしたいリスト、すなわちここでは「予約リスト」を選択して、読み込みます（**図表7-5**）。

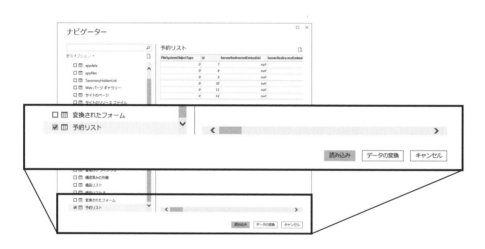

図表7-5 SharePointリストを選択する

7-3 Power BIでグラフを作る

取り込んだ「予約リスト」を、Power BIで分析してみましょう。ここで簡単に、「どの備品が、いつ、何個貸し出されているか」をグラフにしてみたいと思います。

7-3-1　グラフの元データ

以下の手順では、**図表7-6**に示すデータを使用しています（紙面の関係で、この章で使用していない項目は下記の図から割愛しています）。

予約リスト ☆

bihinname ∨	kosuu ∨	begin ∨
椅子	1	2021/09/13
椅子	10	2021/09/23
椅子	10	2021/09/23
机	10	2021/09/23
椅子	10	2021/09/23
椅子	10	2021/09/27
HDMIケーブル	1	2021/10/07
机	4	2021/10/07
HDMIケーブル	2	2021/10/14

図表7-6　この章で扱う予約リスト

7-3-2　グラフを作る

まずは簡単な例として、棒グラフを作ってみます。「予約リスト」に接続すると、［データを使用して視覚エフェクトをビルドする］という画面と、その右側に［視覚化］［フィールド］という項目が表示されます。これらの画面を使って、**図表7-7**に示す手順で、棒グラフを作ります。

> ***memo***　間違った場所にドラッグ＆ドロップしたときは、さらにドラッグ＆ドロップして本来の場所に移動してください。

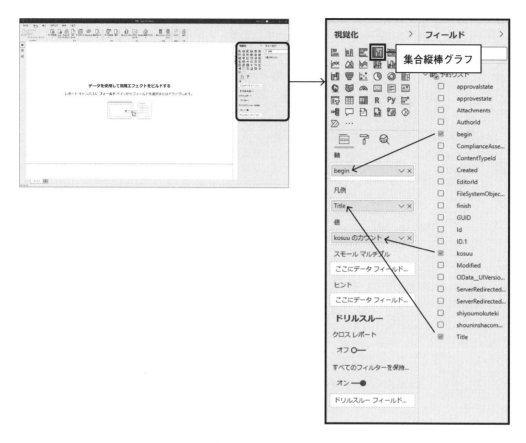

図表7-7　グラフを作る手順

手順　棒グラフを作る

[1]　棒グラフの種類を選ぶ

　[視覚化] にある [集合縦棒グラフ] をクリックします。

[2]　グラフに用いるフィールドを選択する

　[フィールド] の部分で、グラフに用いるフィールドをクリックして選択します。ここでは「Title」（備品名）「kosuu」（貸出個数）「begin」（貸出希望日）の3つのフィールドにチェックを付けることにします。

> **memo**　SharePoint上では、備品名に相当する列はbihinnameですが、これはTitle列の名前を変えたものであるため、これまでの章と同様、Titleとして扱います。

[3] 軸 (グラフの横軸) のフィールドを選択する

グラフの横軸として採用する値を [軸] の項目に設定します。ここでは「begin」(貸出希望日) をドラッグ&ドロップして挿入します。

[4] 値 (グラフの縦軸) のフィールドを選択する

グラフの縦軸として採用する値を [値] の項目に設定します。ここでは「kosuu」(貸出個数) を選択します。kosuuをドラッグ&ドロップして挿入すると、「kosuuのカウント」となります。これは間違いなので、あとで修正しますが、この段階では、そのままにしておきます。

[5] 凡例 (データの要素) のフィールドを選択する

グラフの凡例 (データの要素) として採用する値を [凡例] の項目に設定します。ここでは「Title」(備品名) をドラッグ&ドロップして挿入します。

7-3-3　作成されたグラフと問題点

これらの手順によって、**図表7-8**に示すグラフが表示されます。

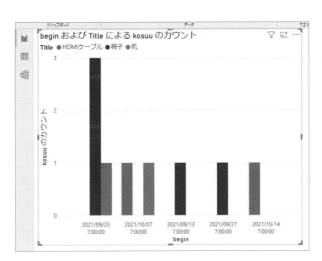

図表7-8　作成されたグラフ

このグラフには、次の問題点があります。

（1）時系列でないうえに見覚えのない時刻が入っている

横軸が日付順でなくバラバラです。しかも、設定した覚えがない時刻が入っています。

（2）個数であるはずのところが「カウント」となっている

先ほどフィールドを［値］のところにドラッグ＆ドロップ操作するときにも説明しましたが、「kosuu」が「kosuuのカウント」となっており、正しい値が採用されていません。カウントというのは、個数の合計ではなく、データ登録がいくつあるのか（レコード数がいくつあるのか）を示す値です。例えば**図表7-8**において、一番左にあるデータは、椅子を10個借りる申請が3件ある場合です。10個借りる申請が3件であれば、本来「30件」としたいところですが、カウント、つまり、レコード数となっているため、「3」となっています（もしMicrosoft Accessを使ったことがある人なら、「○○のカウント」「○○の平均」「○○の合計」といった集計をするための機能と同様と思うと分かりやすいかもしれません）。

以降では、これを修正していくのですが、そのときに着目すべきポイントがあります。それはデータの種類（プログラムで言うところの「データ型」）です。Power BIでは、データを取り込む際に、「テキスト」という形で取り込まれていることがほとんどです。テキストとして取り込まれていると、数字として扱われないため計算ができず、日付もただの文字として扱われ、時系列としての連続性もなくなります。

これはPower BIに限った話ではなく、どのアプリであっても、アプリ間やデータベース間でデータを移動した場合はデータの種類が一致しているかどうかを確認し、一致していない場合にはそろえることは必須の作業です。

7-3-4 データの種類を変更する

それでは、データの種類（データの型）を修正して、グラフを希望の形式に変えていきましょう。データの種類変更は、画面左端の［モデル］アイコンをクリックし、［データ型］の部分で操作します。

手順 データの種類を変更する

［1］ begin（貸出希望日）を変更する

まずは、begin（貸出希望日）から変更します。［モデル］アイコンをクリックし、［begin］を選択します。すると、画面右側の［プロパティ］がbeginのものに変わります。［データ型］が［テキスト］になっているはずなので、それを［日付］に変更します。「データ型の変更」の確認メッセージが表示されたら

［OK］をクリックします（**図表7-9**）。

図表7-9　beginフィールドのデータ型を変更する

コラム　**テキスト型から日付型へのデータ変換**

　図表7-9において「データ型の変更」の確認メッセージが表示される理由は、［テキスト］という、どのような値でも表現できるデータ型から、日付限定のデータ型に変更するため、もし、日付以外のデータが入っていた場合は変更できず、そのデータが消えてしまう（欠損する）という警告です。

　このbeginフィールドは、SharePointでこれまでの章で作ってきた経緯の通り、予約リストに日付型として定義しているので、日付以外のデータが入ることはないため、変更しても、欠損は生じません。

---

［2］ kosuu（貸出個数）を変更する

　同様の手順で、kosuu（貸出個数）を変更します。ここでは［整数］に変換します。SharePointリスト上では、kosuuのデータ種類は「浮動小数型」としていますが、もともとここには整数しか入れていないため、［整数］に変更しても問題ありません（**図表7-10**）。変更すると、先ほどの**図表7-9**と同様に確認メッセージが表示されるので、［OK］をクリックしてください。

図表7-10 kosuuフィールドのデータ型を変更する

コラム Power BIはPower Automateよりも型が厳格ではない

　整数型として扱っている理由は、グラフ化する際に、単純に、小数点以下を切り捨てて扱いたいからだけです。ここで第6章のPower Automateでの操作を思い起こしてみますと、Power AutomateでSharePointリストのcanuse列を取り込むときは、やはり整数部分しか必要ないのに「Float（浮動小数型）」として取り込みました。そうであれば、第6章のときも、同じく「整数」として読み込めば良かったのではないかと思うかもしれません。

　しかし残念ながら、Power Automateの場合はデータの種類が厳密に区別されており、それはできません。SharePointとデータを双方向にやりとりするため、SharePoint上の浮動小数型のデータは、浮動小数型として扱わないとデータ型エラーが発生します。

　対して、Power BIの場合は、データ型変換が、Power Automateほど厳しくありません。Power BIは、レポートを作成するためのツールです。データの流れは、SharePointからPower BIへの一方通行であり、逆方向はないため、Power BIにデータを取り込んだ後は好きに加工してよいというスタンスだからです。

　もちろん、中身に万一、小数を含むデータがあった場合にはデータが欠損するリスクはありますが、ここで作っているアプリでは、入るデータは個数という整数ですから、このように整数型として取り扱っても問題ありません。

7-3-5　軸を調整する

　データの種類を変更したら、［レポート］をクリックして、再度、グラフを確認してみましょう。**図表7-11**のように、横軸は正しく「日付」となり、日付順で並んでいますが、縦軸は、まだ変わっていません。また横軸も完璧ではなくて、よく見ると、日付の位置が、修正前と少し変わって、間が空いているのに気づくと思います。これは横軸のデータに、「日付」という連続データの意味を持たせたので、横軸の項目が等間隔に表示されるようになったためです。

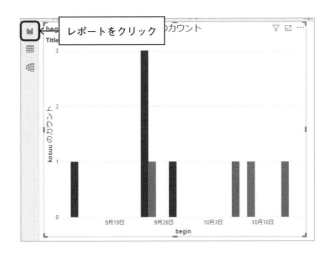

図表7-11　［レポート］をクリックして修正後のグラフを確認したところ

　等間隔の表示は、横軸のデータ量がとても多いときには、すっきりして見やすくなります。しかし今回のようなデータが少ない場合は、逆に、1日ずつはっきりと項目を示したほうがよいでしょう。

　以下では、軸の設定を修正して、グラフを正しいかたちに直す方法を説明します。Power BIでは、横軸を「X軸」、縦軸を「Y軸」と呼びます。そこで以下では、X軸、Y軸という呼称で説明します。軸は、［視覚化］の中ほどに3つ横並びとなっているアイコンの［書式］からカスタマイズできます。

▌X軸をカスタマイズする

　まずは、X軸からカスタマイズしていきましょう。［書式］をクリックすると、設定できる項目が多数出てくるので、そこから［X軸］をクリックして展開します。［X軸］の一番上に［型］という項目があります。現在この値が［連続］となっているはずなので、これを［カテゴリ別］に変更します。するとX軸が、日付ごとの個別に表示されるようになります（**図表7-12**）。

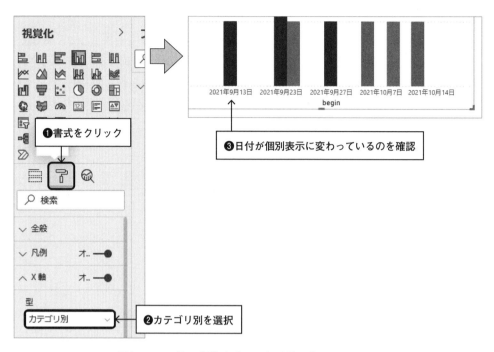

図表7-12 X軸の［型］を［カテゴリ別］に変更したところ

　このように［書式］のメニューから操作することで、X軸の項目を修正できます。他にも様々な設定があります。変更すれば、すぐに反映されますから、適宜編集してみて、どのような動きをするのか確認してみてください。

Y軸をカスタマイズする

　次に、Y軸をカスタマイズします。Y軸は、まだ「kosuuのカウント」のままなので、これを修正します。修正するには、［書式］アイコンの左の［フィールド］アイコンをクリックします。すると、最初にグラフを作成したときの項目が表示されるので、［値］の中の［kosuuのカウント］のドロップダウンリストを開き、［合計］を選択します。するとグラフが更新され、その日に貸し出された数の合計が表示されるようになります（**図表7-13**、**図表7-14**）。

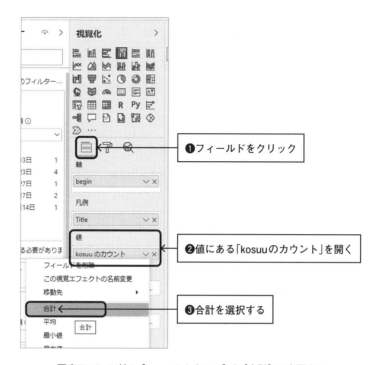

図表7-13 Y軸の［kosuuのカウント］を［合計］に変更する

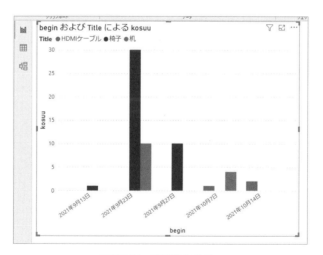

図表7-14 変更後のグラフ

コラム **データ型の変換は早めに済ませる**

ドロップダウンリストで [合計] や [平均] が選択できるのは、データ型を [整数] に変更しているからです。変更前の [テキスト] の場合は、[カウント] しか表示されません。先に、kosuuを [テキスト] から [整数] に変更したのは、これが理由です。

Power BIに限らず、データ型の変更は、それを利用するコンテンツの土台に変更を及ぼす行為です。今回のようにデータ型が変更されていないとできない作業、もしくはコンテンツを作り込んだ後にデータ型を変更するとコンテンツが崩壊するケース（特に2つの表データをつなげる「リレーションシップ」を使用しているケース）も多々あるので、データ型の変更は、コンテンツ制作前のなるべく早い段階に済ませてしまうのが鉄則です。

7-3-6 グラフの見出しを変更する

ここまでの作業で、かなり求めるグラフらしくなってきました。しかしまだ、X軸やY軸の見出しやタイトル部分が、SharePoint項目名のままとなっており、見づらいです。最後に、この部分を修正していきましょう。グラフの見出しは、「グラフに設定した項目の見出し（X軸、Y軸、凡例）」と「グラフそのものの見出し」とで、修正方法が、少し異なります。

▎項目の見出しを変更する

項目の見出しは、[フィールド] アイコンから変更します。ここでは「begin」というところを変更してみます。「begin」の項目を開くと、[この視覚エフェクトの名前変更] という項目があるので、これをクリックすることで、任意の名称に変更できます。ここでは「貸出日」に変更してみます（**図表7-15**）。同様の方法で「kosuu」を「貸出個数」、「Title」を「備品名」に、それぞれ変更します。

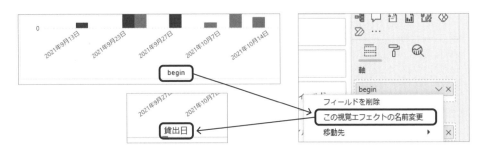

図表7-15 「begin」という項目を「貸出日」に変更する

グラフそのものの見出しを変更する

名前を変更すると、それに合わせてグラフタイトルも項目に合わせて修正されますが、もちろん、グラフタイトルは、別のものに変更することもできます。

グラフタイトルを変更したい場合は、[書式] アイコンから操作します。[書式] アイコンをクリックして、[タイトル] の項目を開くと、[タイトルテキスト] という項目があります。この項目を修正すると、グラフタイトルが変わります。本書では、特に修正する必要はないので、そのままにしておくことにします（**図表7-16**）。

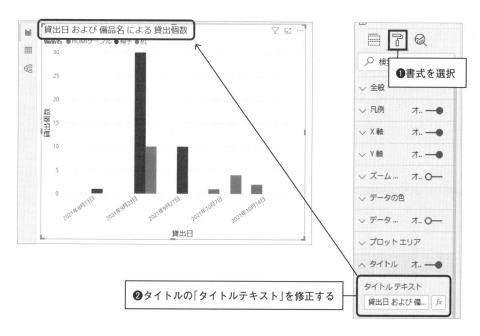

図表7-16　グラフタイトルの直し方

7-4 Power BIでテーブルを操作する

グラフを使った可視化の説明を一通り終えたところで、次に、表形式で可視化する方法を説明します。表で可視化するには、「テーブル」を使います。

7-4-1 テーブルを作成する

テーブルを作成するには、次のように操作します。ここでは、「日（貸出日）ごとにいくつ貸し出されたか」を表にまとめたテーブルを作ってみます。

手順 **テーブルを作成する**

[1] テーブルの作成を始める

Power BIの余白部分をクリックして何も選択されていない状態にしておき、［視覚化］の［テーブル］アイコンをクリックします（**図表7-17**）。

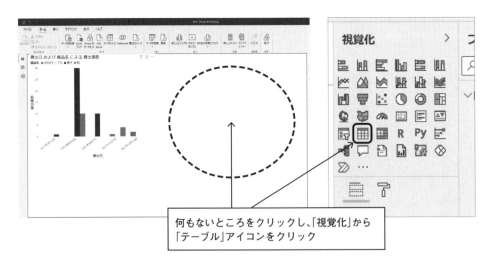

何もないところをクリックし、「視覚化」から「テーブル」アイコンをクリック

図表7-17　テーブルを作成する

[2] テーブルにしたい項目を選ぶ

右側の［フィールド］から、テーブルにしたい項目を選びます。ここでは「begin」（貸出開始日）と「Σ

kosuu」（個数の合計。Σは合計という意味）を選びます（**図表7-18**）。そうすると、「日ごとにいくつ貸し出されたか」が表になります。

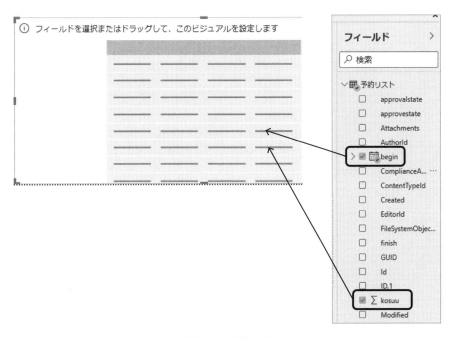

図表7-18　項目を選ぶ

[3]　日付の分解を解除する

　これで表になるのですが、日付であるbeginの項目が、「年」「四半期」「月」「日」と4つに分割されます。日付はこのように分解されるので、不必要な項目があれば、修正します。修正方法は2通りあります。ここでは（2）の方法で修正することにします。

（1）不要な項目を削除する方法

　一部の項目が不要ならば、［フィールド］アイコンの［値］のところで［×］ボタンをクリックして、不要な項目を削除します（**図表7-19**）。

図表7-19　不要なフィールドを削除する

（2）分割しないようにする方法

　「年」「四半期」「月」「日」の4つに分割するのを避けるには、［日付の階層］のチェックを外します（**図表7-20**）。

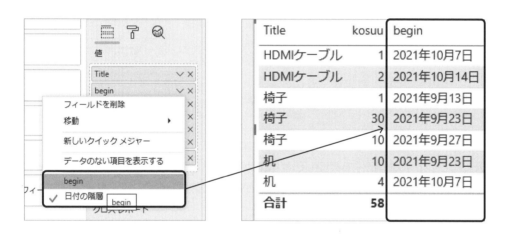

図表7-20　［日付の階層］のチェックを外すと分割されなくなる

7-4-2　テーブルの微調整

　作成したテーブルは、ドラッグ＆ドロップ操作やプロパティ画面から、カスタマイズできます。

（1）項目の順序

　［フィールド］の［値］の項目の順序をドラッグ＆ドロップで入れ替えると、並びを変えられます（**図表7-21**）。

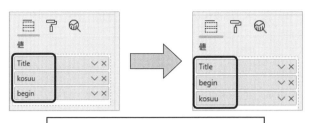

ドラッグ＆ドロップで列の並びを変更できる

図表7-21　項目の順序の変更

（2）項目名の変更

　グラフのときと同じく、［フィールド］の［この視覚エフェクトの名前変更］から、項目名を変更できます（**図表7-22**）。

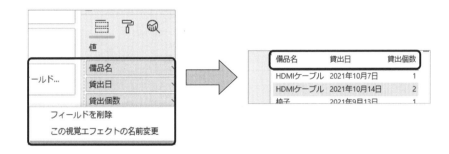

図表7-22　項目名の変更

7-5 モバイルレイアウトを使う

　ここまで横長の画面を想定してグラフやテーブルを作成してきましたが、モバイルデバイスに合わせた、縦長のレイアウトにすることもできます。モバイルレイアウトを作るには、まず、これまでの流れのように、通常の画面でグラフやテーブルなどのオブジェクトを先に作成しておき、次のように操作します（**図表7-23**）。

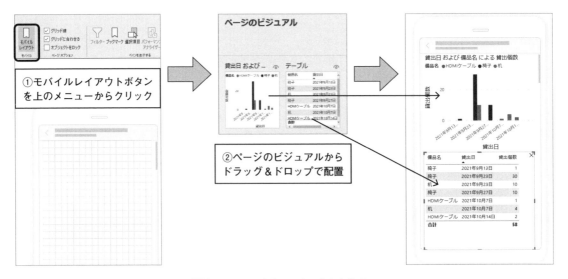

図表7-23　モバイルレイアウトを作る

手順　モバイルレイアウトを使う

[1]　モバイルレイアウトを作る

　上部のメニューから［表示］―［モバイルレイアウト］をクリックします。すると、白紙の縦長のキャンバスが表示されます。

[2]　ドラッグ＆ドロップで配置する

　右側の［ページのビジュアル］の部分に、作成済みのグラフやテーブルなどのオブジェクトが表示されます。これをドラッグ＆ドロップで、モバイルレイアウトの中に配置します。

7-6 作成したレポートを保存する

Power BIには、グラフや表以外にも、「テキストボックス」や「図」などのオブジェクトがあるので、必要に応じて追加して、レポートの体裁を整えます（**図表7-24**）。

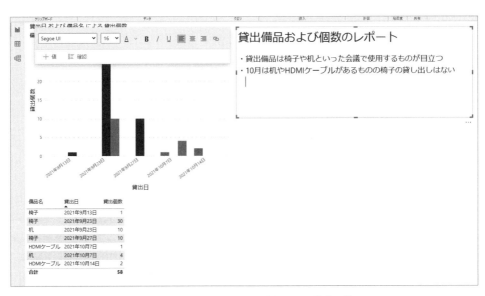

図表7-24　テキストや図などを追加して、体裁を整える

出来上がったら、［ファイル］—［名前を付けて保存］で保存します。保存データは、「*.pbix」形式のファイルとなります。自分のローカルPCなどに保存しておけば、開いて、いつでも利用できます。開いたときは、もちろんSharePointリストとつながりますから、最新のデータが反映されたレポートとして表示されます。

7-7 まとめ

この章では、Power BIを使って、SharePointに集まったデータをグラフや表として可視化する方法を説明しました。

(1)SharePointリストの取り込み

SharePointリストのデータを可視化するためには、[データを取得]を選択して、SharePointリストのURLを入力して取り込みます。

(2) グラフ化や表の追加

[視覚化]の部分の[集合縦棒グラフ]や[テーブル]を選択して、項目を選択するだけで、簡単にグラフや表を作れます。

(3) データの種類の変更

ただし取り込み直後は、ほとんどが「テキスト型」になっています。必要に応じて、「日付型」や「整数型」などに変換しないと、正しいグラフや表になりません。

(4) 見栄えは[書式]から変更する

見栄えのほとんどは、[書式]から変更できます。

この章で説明した内容は、Power BIが持つほんの一部の機能です。Power BIには、テーブル同士をつないで独自のテーブルを作るリレーションシップ機能や、高度なフィルター・分析の機能があり、多角的にデータを見ることができます。Power BIは、それ自身が高機能なソフトウエアであるため、活用するための専門書もいくつか出版されています。そうした書籍なども参考にしながら、ぜひ活用してみてください。

08

第8章

Microsoft Teamsと統合する

8-1 作ったアプリに素早くアクセスする

ここまでで、Power Platformを使って、一通り必要となる機能をアプリとして実装し、運用できる状態になりました。運用するとなると使いやすさが重要です。

第5章では、Power Appsを使って「備品予約申請アプリ」を作ってきましたが、このままでは、ブラウザーでPower Appsのサイトを開いてメニューからたどる必要があり、操作が煩雑です。そこでより簡単にアクセスする方法として、「備品予約申請アプリのURL」をブックマークしておいて、それを開くようにすることを推奨します。アプリのURLは、アプリの [詳細] で確認できます (**図表8-1**)。

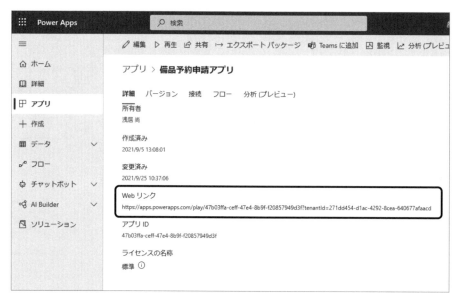

図表8-1 アプリの [詳細] からURLを確認したところ

この方法でもいいのですが、本章では別の方法を紹介します。それは、Microsoft Teamsからアプリを起動する方法です。

すでにTeamsを日常的に使っている企業の場合、これはとても便利です。Teamsから起動すれば、ブラウザーではなくTeamsのウィンドウ内で実行でき、操作性が高まります。以下、Teamsから起動する方法を説明します。

8-2 Teamsから起動できるようにする

Teamsから起動できるようにするには、「Power AppsからTeamsに追加する方法」と「Teamsのチャネルに Power Appsアプリを追加する方法」の2通りがあります。

8-2-1 Power AppsからTeamsに追加する

まずは、Power AppsからTeamsに追加する方法から説明します。これは主に、「自分がTeamsから Power Appsを開きたい」という場面で使います。

手順 **Power AppsからTeamsに追加する**

[1] Teamsに追加する

Power Appsの［アプリ］の一覧画面で該当のアプリのメニューを開き、［Teamsに追加］を選択します（**図表8-2**）。

図表8-2 ［Teamsに追加］を選択

[2] 確認する

確認画面が表示されるので、［Teamsに追加］をクリックします（**図表8-3**）。なお、このとき、［詳細の編集］や［詳細設定］をクリックすると、説明文などを変更できます。

図表8-3　Teamsに追加する

[3]　Teams側で追加する

　ブラウザーでTeamsを起動するメッセージが表示されます。指示通りにTeamsを起動すると、**図表8-4**のようにアプリの追加画面が表示されるので、[追加] ボタンをクリックします。

図表8-4　Teamsでアプリを追加する

[4]　アプリが追加された

　アプリが左メニューに追加されます。**図表8-5**に示すように、アプリは、Teamsの画面の中で実行さ

れるので、ユーザーはブラウザーに切り替えることなく、そのまま使えます。

図表8-5　アプリが追加された

8-2-2　TeamsのチャネルにPower Appsアプリを追加する

次にTeamsから操作して、TeamsのチャネルにPower Appsのアプリを追加する方法を説明します。これは主に、「チームメンバー（あるいはチャネルメンバー）でPower Appsアプリを共有したい」という場面で使います。

手順　**TeamsのチャネルにPower Appsのアプリを追加する**

[1]　チャネルに追加する

Teamsのチャネルを開き、［＋］をクリックします（**図表8-6**）。

図表8-6　チャネルに追加する

[2]　Power Appsを追加する

追加するタブを選択するウィンドウが表示されます。［Power Apps］をクリックします（**図表8-7**）。

> **_memo_**　検索ボックスに「Power Apps」と入力すると絞り込まれて、見つけやすくなります。

図表8-7　Power Appsを追加する

[3] 追加する

確認画面が表示されるので、[追加] ボタンをクリックします (**図表8-8**)。

図表8-8　追加する

[4] アプリを選択する

共有されているアプリ一覧が表示されます。利用したいものをクリックし、[保存] ボタンをクリックします (**図表8-9**)。

図表8-9　アプリを選択する

[5]　タブとして追加された

チャネルにタブとして追加され、ここからアプリの操作ができるようになります（**図表8-10**）。

図表8-10　タブとして追加された

8-3　Teams上で承認できるようにする

Teamsから起動できるようにしたら、承認もTeams上で操作できると便利です。

8-3-1　アダプティブカードで承認する

第6章では、［承認］コネクタの［開始して承認を待機］アクションを使ってメールを使った承認フローを実現しました。これを、次の3つのアクションの組み合わせに変更します（**図表8-11**）。すると、メールの送信とともにTeams上にアダプティブカードが表示され、そちらでも返信できるようになります。

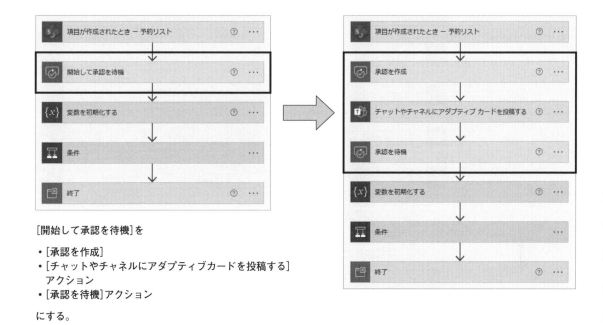

[開始して承認を待機]を

- [承認を作成]
- [チャットやチャネルにアダプティブカードを投稿する] アクション
- [承認を待機]アクション

にする。

図表8-11　Teams上で承認できるようにする手順

　すでに第6章で作成した「備品予約承認依頼」フローを、Teams上で承認できるようにする具体的な手順は、下記の通りです。

手順　Teams上で承認できるようにする

[1]　アクションを追加する

　Power Automateサイトで、第6章で作成した「備品予約承認依頼」フローを開きます。[開始して承認を待機] の [＋] ボタンをクリックし、[アクションの追加] を選択します (**図表8-12**)。

図表8-12　アクションを追加する

[2]　［承認を作成］アクションを追加する

［承認］コネクタの［承認を作成］アクションを追加します（**図表8-13**）。

図表8-13　［承認を作成］アクションを追加する

[3]　[開始して承認を待機] アクションの内容を転記する

　作成した [承認を作成] アクションを開き、いままでの [開始して承認を待機] アクションの内容をコ
ピペして、そのまま転記します (**図表8-14**)。

図表8-14　[開始して承認を待機] アクションの内容を転記する

[4]　[開始して承認を待機] アクションを削除する

　[開始して承認を待機] アクションは必要なくなったので、右上のメニューから [削除] を選択して削
除します。[ステップの削除] の確認メッセージが表示されたら、[OK] をクリックしてください (**図表
8-15**)。

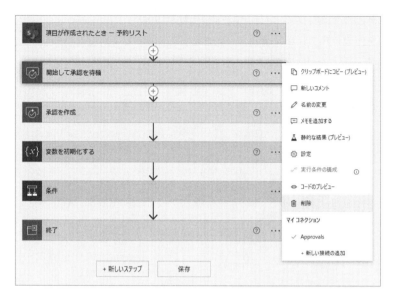

図表8-15 ［開始して承認を待機］アクションを削除する

［5］ アクションを追加する

作成した［承認を作成］の下の［＋］をクリックして、もう一つ、アクションを追加します（**図表8-16**）。

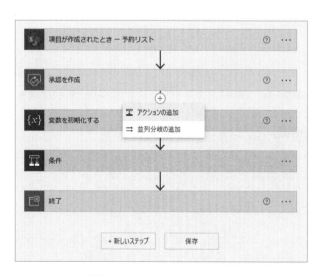

図表8-16 アクションを追加する

[6] [チャットやチャネルにアダプティブカードを投稿する] アクションを追加する

[Teams] コネクタの [チャットやチャネルにアダプティブカードを投稿する] アクションを追加します (**図表8-17**)。

図表8-17 [チャットやチャネルにアダプティブカードを投稿する] アクションを追加する

[7] 投稿者、投稿先、グループチャット、アダプティブカードを設定する

投稿者、投稿先、グループチャット、アダプティブカードを設定します (**図表8-18**)。

- 「投稿者」：投稿者です。ここでは「フローボット」にしておきます。
- 「投稿先、グループチャット」：投稿先を示します。ここではあらかじめ、Teamsに「備品承認」というグループチャットを作っておき、そのグループチャットに送信することにします。
- 「アダプティブカード」：表示するアダプティブカードです。先に作成した [承認を作成] アクションの中に [Teamsのアダプティブカード] という項目があるので、[動的なコンテンツ] から選んで挿入します。

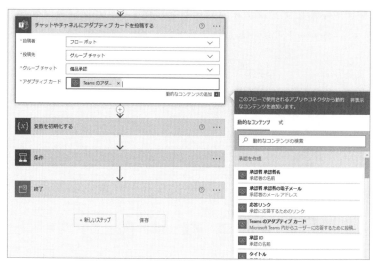

図表8-18　投稿者、投稿先、グループチャット、アダプティブカードを設定する

[8]　アクションを追加する

いま作成した［チャットやチャネルにアダプティブカードを投稿する］の下の［＋］をクリックして、もう一つ、アクションを追加します（**図表8-19**）。

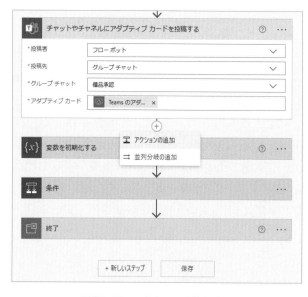

図表8-19　アクションを追加する

[9]　[承認を待機] アクションを追加する

[承認] コネクタの [承認を待機] アクションを追加します (**図表8-20**)。

図表8-20　[承認を待機] アクションを追加する

[10]　承認IDを設定する

どの承認を待つのかを [承認ID] として設定します。先ほど [承認を作成] アクションで作成した承認を待ちたいので、[動的なコンテンツ] から、このアクションの [承認ID] を設定します (**図表8-21**)。

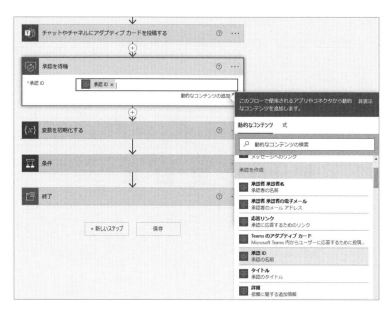

図表8-21 ［承認ID］を設定する

[11] ［条件］や［Apply to each］の参照部分を変更する

［開始して承認を待機］アクションを削除したことで、以降の［条件］や［Apply to each］の部分で、［開始して承認を待機］の［結果］や［回答数 コメント］を参照していたところが空欄になっています。第6章で操作したのと同様にして、［承認を待機］の［結果］や［回答数 コメント］を参照するように変更します。

図表8-22、**図表8-23**は一例です、第6章での操作を参考にしながら、残る部分も同様に修正します。

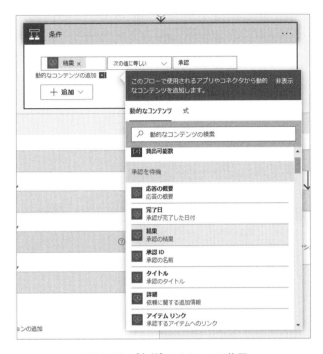

図表8-22 [条件] アクションの修正

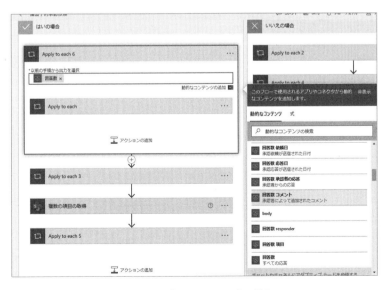

図表8-23 [Apply to each] の修正

[12] 保存する

すべてを修正したら、[保存] をクリックして、保存してください。

8-3-2 アダプティブカードにおける承認操作

このように改修すると、申請があったときに、Teams上にアダプティブカードが表示されるようになります（**図表8-24**）。もちろん、このアダプティブカードで承認操作できますし、従来通り、メールでの承認もできます。

図表8-24 アダプティブカードで承認できるようになった

8-4 まとめ

この章では、Teamsと統合して使いやすくする方法について説明しました。

（1）Teamsに追加する

Power Appsの［アプリ］の一覧画面から［Teamsに追加］、もしくは、Teamsからタブとして追加する操作をするだけで、Teamsに追加できます。

（2）アダプティブカードで承認する

Power Automateで［チャットやチャネルにアダプティブカードを投稿する］アクションを使うと、Teamsにアダプティブカードを投稿できます。

この章では、アダプティブカードで承認する方法を説明しましたが、単純なメッセージを投稿することもできます。［Teams］コネクタには、そうした機能もあるので、試してみてください。

09

第9章

部門内製アプリを
成功させるために

9-1 Power Platformの良さを生かす部門内製のやり方

　第8章までの説明は、ある程度ITについて知識がある人を想定読者にしたので、少し難しいところも含めて、基本をすべて説明してきました。こうしたやり方で全社に導入すると、IT部門に仕事が集中して破綻します。そればかりか迅速さに欠け、Power Platformの「使いたいものが、すぐに作れる」というメリットを生かせません。

　IT部門が各現場部門からの依頼を受けて丁寧に作っていたら、業務のヒアリングもありますし、完成までに1カ月ぐらいは掛かってしまうでしょう。そして数をこなすこともできませんから、欲しいけれども必須ではないようなアプリは優先度が下がり、制作がどんどん後回しにされていくことが予想されます。

　Power Platformの良さを生かせば、各現場部門でも1日か2日でプロトタイプができ、そこから試行錯誤して1〜2週間ぐらいで使えるようになると思います。アプリ開発はあくまでも各現場部門が主体的に取り組み、難しいところだけIT部門がサポートするのです（**図表9-1**）。ではIT部門は、どのようにしてサポートすればよいのか、どのようにして、この連係をしていけばよいのでしょうか。それが、この章の話題です。

図9-1　Power Platformアプリの開発は各現場部門。IT部門はそれをサポートする

9-1-1　Excelを念頭に置いた開発

　各現場部門で必要とされる多くのアプリは、「何らかのデータ」があって、それを「操作するフォーム」「承認するシステム」、そして、「集計・分析するシステム」の組み合わせであることが多いです。Power Platformで言うと、それぞれ、「SharePointリスト」「Power Apps」「Power Automate」「Power BI」です（図表9-2）。本書で作ってきた「備品承認アプリ」も、こうした構造です。これらのうち、難しいのは処理ロジックを含む「Power Automate」の部分です。ここを各現場部門で作るのはなかなか難しいので、IT部門が用意し、まずは、残りの部分を各部門に任せられる流れを目指すといいでしょう。

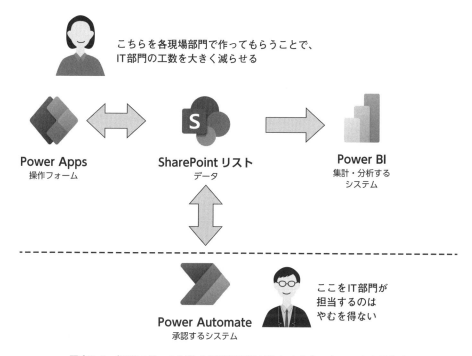

図表9-2　処理ロジック以外を各現場部門が作れるようになることを目指す

9-1-2　欲しいデータの表を各現場部門に作ってもらう

　ここで「何らかのデータ」の部分、つまり、SharePointリストの部分に焦点を当てると、各現場部門とIT部門が、どのように担当すればよいのかが見えてきます。

　本書の流れでSharePointリストの操作をしてきて、すでに気づいているかと思いますが、SharePointリストの構造は、Excelシートととてもよく似ています。各現場部門では、誰かしらExcelに詳しい人が

いて、Excelシートでデータを管理しているという例は、とても多いです。そう考えると、各現場部門に説明する際、次のようにするといいでしょう（**図表9-3**）。

> 「内製アプリとは、Excelのような表があって、そこにみんなが自動で入力していく仕組みです。入力されたデータは、人間が目視で確認したり集計したりできますが、それをプログラムで自動化できます」
>
> 「まずは、どんなふうにデータを集めるか、SharePointのリストを作ってもらえませんか？ SharePointの操作が少し難しいようでしたら、Excelの表でも構いません」

図表9-3　各現場部門に欲しいデータの表を作ってもらう

こうした表を作ってもらって、一緒にSharePointリストを作る、そして最終的には、各現場部門だけでSharePointリストを作れるようになることを目指します。

表にまとめるときに少し複雑なのが、リレーションシップですが、Excelに慣れたユーザーは、その部分を「ドロップダウンリスト」として作っていることが多いと思います。ですので、そうしたところを、別のSharePointリストに分けていくようにすればよいと、伝えるとよいでしょう。

欲しいデータは、現場の運用に関わる部分でもあり、その部門の人でないと理解できません。普通の

開発なら、IT部門がヒアリングして設計していくわけですが、ここに相当の時間がかかるのが通例です。ですから、この部分を各現場部門が担当してくれるようになれば、かなり多くの工数を削減できます。

9-1-3　入力フォームはできるだけ自動で作る

SharePointリストができたら、入力フォームをPower Appsで作ります。簡単なものであれば、第2章で説明したように、SharePointリストを選ぶだけで自動で作れるはずです。こうして自動で作成したフォームのうち、不要なものを削除するというやり方でいけば、さほど手間なく作れます。

第3章でも少し触れましたが、画像や添付ファイルを扱うと、とたんに難しくなります。各現場部門に作ってもらうのであれば、「画像や添付ファイルを使わず、これらはSharePointやOneDriveなどの共有場所に置き、そのURLを入力する」という運用にすることで、構築の難易度を大きく下げられるので、検討するとよいでしょう。

9-1-4　承認ロジックはIT部門が用意して流用可能にする

続いて承認ロジックですが、この部分はプログラムの要素もあるため、各現場部門が作るのは、なかなか難しいと思います。ですので、IT部門が担当することになるでしょう。

ただし、どのようなアプリでも、「承認が完了するまで待つ」という部分は同じなので、ひな型を用意して、各現場部門にそれを改良して使ってもらえるようにするというのが理想です。［承認を待つ］の後に、［条件］で分岐して、［メールで返信する］というようなひな型があって、「SharePointリストのデータに値を設定するにはどうすればよいか」ということさえ分かれば、現場部門に少しマクロなどを作った経験がある人がいれば、それで対応できるケースもあります。大事なのは、やり方を説明するだけでなく、「すぐ使える実例サンプル」をいくつか用意して、それを複製して使えるようにしておくことです。

9-1-5　集計・分析は各現場部門に完全に任せる

集計・分析は、各現場部門に完全に任せましょう。最もカスタマイズが必要な部分であり、改良しながら使い続けることになるはずだからです。Power BIの操作は、Excelのグラフ操作やピボットテーブル操作と似ています。各部門にExcelに詳しいユーザーがいれば、グラフ化や表形式でのとりまとめ、フィルターや集計など、難なくこなせるはずです。

9-2　苦がない部門内製アプリ作りを目指す

　部門内製アプリは、「仕事を減らす」のが目的です。ですから、「作るのに時間をかけ過ぎない」ということを第一の目標にすべきです。業務の効率化が目的ですから、少なくとも、

　内製アプリを作る時間 < それを実行することで削減される時間

でなければ、導入する意味がありません。言い換えると、部門内製アプリ作りに、あまり時間をかけてはいけないのです。手作業でやれば1時間で終わる仕事を、うまく動かないからといってプログラムの修正などで1時間以上かけては無意味です。

　そこで、次のような指針を参考にしてはどうでしょうか。

---

　(1) できるだけシンプルにすること
　　複雑に作り込まないこと。使いやすさと作りやすさのバランスを考えたとき、エンドユーザー向けの開発であれば使いやすさが優先となりますが、部門内製アプリは作りやすさのほうが優先です。

　(2) 多少の不具合には目をつむること
　　エラー処理を完璧に求めない。不正な値を入力したときに、（データの不整合などシステム上の問題が出ない場合に限るが）エラーで止まるのは、「そんな変なデータを入力した人が悪い」ということで気にしないようにします。

　(3) オール自動化は考えない
　　複雑な操作をアプリで完璧に作ろうとするのは困難です。そんなときは迷わず、手作業も取り入れるようにします。例えば「処理後のファイルをここからここにコピーして、そのあと、この処理を実行したい」というような場合、自動でファイルがコピーされて、次の処理が自動で始まるのが理想ですが、作り込みが難しいようであれば、「手作業でコピーして、［次へ］ボタンをクリックする」というような人間の動作で対応することも検討します。不格好かもしれ

ませんが、アプリ作りで悩むよりもマシです。

　また例外的な処理は、アプリで対応せず、手作業で対応することも検討します。例えば、「取り消し」の処理はほとんど行われないのであれば、取り消しの処理をアプリの機能として含めず、SharePointリストのデータを直接変更するような運用にして、「そのための操作ドキュメントを作るだけ」にしておくなどです（操作ドキュメントがないと、引き継ぎの際に困るので、ドキュメント化はしておいたほうがよいでしょう）。

　内製化では、「よく使う機能」をアプリ化するのが効率化につながるわけで、ほとんど使わない機能は、アプリ化するだけ無駄です。

　各現場部門が「アプリ作りを嫌だ」と思わないような体制も大事です。「作るのが苦である」「作っても思ったように動かない」という状態が続くと、「これなら手でやったほうが早い」と思ってしまい、誰も、アプリを作ろうとはしなくなるでしょう。そのためには、大きなものを作ろうとしないことです。最初は、本当に、ちょっとのことだけを自動化する。これで便利になった。そんな成功体験から始めていくことが理想です。

Appendix

A-1 Office 365 E3の無料試用版で試す

　本書では、Microsoft 365（Office 365）のライセンスの範囲内で使えるPower Platformの活用法を紹介しています。ライセンスをお持ちでない場合は、無料試用版で試すことができます。ここでは、「Office 365 E3」の無料試用版を使う方法を紹介します。

　用意するのは（フリーメールアドレスではない）メールアドレスです。それがあればすぐに使い始められます。以下、手順を説明します。

手順 **Office 365 E3無料試用版を使えるようにする**

[1] 無料試用版の登録を始める

　ブラウザーで下記のURLを開き、Office 365 E3のページを開きます。［無料試用版］のリンクをクリックします（**図表A-1**）。

> **【Office 365 E3のページ】**
>
> https://www.microsoft.com/ja-jp/microsoft-365/enterprise/office-365-e3

図表A-1　無料試用版の登録を始める

[2]　メールアドレスの登録

　メールアドレスを入力します。Office 365 E3はエンタープライズ向けのサービスであるため、職場または学校のメールアドレスが必要です。フリーメールアドレスを利用することはできません（**図表A-2**）。

図表A-2　メールアドレスの登録

[3]　アンケートのお願い

　アンケートのお願いとして、氏名や会社情報などを登録します（**図表A-3**）。

図表A-3　アンケートのお願い

[4]　SMS認証

　SMS（もしくは音声の自動ダイヤル）による本人確認があります。必要に応じて、認証コードの入力などをしてください（**図表A-4**）。

図表A-4　SMS認証

[5]　サインインするユーザー名、ドメイン名、パスワードを設定する

　サインインするユーザー名やドメイン名、パスワードを設定します。ドメイン名は「任意名.onmicrosoft.com」で、この「任意名」を入力します。組織名などを登録するとよいでしょう（**図表A-5**）。

図表A-5　サインインするドメイン名などを入力する

[6]　アカウント作成の完了

　アカウントの作成が完了します。［自分のサブスクリプションを管理］をクリックすると、管理画面が開きます（**図表A-6**、**図表A-7**）。ユーザーやグループを管理する場合は、この画面から操作します。

図表A-6　アカウントの作成完了

図表A-7　サブスクリプションの管理画面

10

おわりに

　本書での学習を終え、皆様はMicrosoft Power Platformがどういったものかを把握できましたでしょうか。Power Platformの特徴は、多数のアプリを連係して一つのシステムを構築することができ、その多数のアプリの大半はローコードで作成できることです。こうした特徴は、本書の冒頭や結末で説明した「各現場部門でアプリを作って一つのシステムを作る」という考え方にマッチしています。

　IT技術は日々進化していると言われてから、ずいぶんと時間がたっています。現在もなお止まることなく進化は続き、今ではITの担う役割が非常に大きくなり、その結果、IT部門は組織全体を管理するだけで手いっぱいとなりました。一方で、個々の部門では業務の一層の高度化が進み、IT部門から与えられた共通仕様のPCやアプリだけでは業務を十分に行えなくなりつつあります。IT部門は確かにITには強いですが、個々の業務には疎く、IT部門がアプリを構築しようとすると、ヒアリングだけでも膨大な時間がかかります。逆に個々の部門は自分たちの業務には強いものの、IT化する技術が不足しています。昨今の企業では、こうした事情がIT化促進の妨げとなることも多いです。

　こうした状況を打破するには、個々の部門とIT部門との共同作業が欠かせません。個々の部門で必要とする機能は自分たちで作成し、承認などの専門的な機能だけをIT部門で作成することで、スピーディーにIT化を進められます。こんな現代の、組織のIT化の課題に大きな回答をもたらすものの一つがPower Platformです。Power Platformを使えば、ローコードでアプリを作成でき、かつ複数のアプリを組み合わせる構成をとることで担当する部門を分けられます。

　ITの担う役割がこれだけ大きくなった今、これまでのようにIT部門がすべてのIT業務を抱える時代から、それぞれの部門でできるIT業務はそれぞれの部門で行う時代になりつつあります。本書をご覧の皆様も、本書で身に付けたPower Platformの技術を用いて、「みんなでシステム作り」をしながら、さらなる一歩を歩み続けていただければ幸いです。

浅居 尚

著者プロフィール

大澤 文孝（おおさわ ふみたか）

技術ライター、プログラマー／システムエンジニア。専門はWebシステム。情報処理技術者（「情報セキュリティスペシャリスト」「ネットワークスペシャリスト」）。Webシステム、データベースシステムを中心とした記事を多数発表。作曲と電子工作もたしなむ。

主な著書は次の通り。（共著）『さわって学ぶクラウドインフラ docker 基礎からのコンテナ構築』（共著）『Amazon Web Services 基礎からのネットワーク＆サーバー構築　改訂3版』（日経BP）、『AWS Lambda実践ガイド 第2版』（インプレス）、『ゼロからわかる Amazon Web Services超入門』（技術評論社）、（共著）『かんたん理解 正しく選んで使うためのクラウドのきほん』『ちゃんと使える力を身につける　Webとプログラミングのきほんのきほん』（マイナビ出版）、『いちばんやさしい Python 入門教室』（ソーテック社）、『TWELITEではじめるカンタン電子工作』（工学社）

浅居 尚（あさい しょう）

静岡大学大学院理工学研究科修士卒。システムエンジニア。情報処理技術者（「情報セキュリティスペシャリスト」「ネットワークスペシャリスト」）。企業プロジェクトにおけるサーバー構築・運用に従事。日々発生する様々な技術的課題やトラブルの解決に向けたプランニングを行っている。

主な著書は次の通り。『自宅ではじめるDocker入門』（工学社）、（共著）『さわって学ぶクラウドインフラ docker 基礎からのコンテナ構築』（日経BP）、（共著）『RPAツールで業務改善！UiPath入門 アプリ操作編』（秀和システム）

さわって学べる
Power Platform
ローコードアプリ開発ガイド

2022年4月20日　第1版第1刷発行
2023年9月13日　　　　第3刷発行

著　　　者	大澤 文孝、浅居 尚	
技 術 監 修	パーソルプロセス＆テクノロジー株式会社	
	システムソリューション事業部 DX ソリューション統括部 モダンアプリソリューション部	
発 行 者	森重 和春	
発　　　行	株式会社日経BP	
発　　　売	株式会社日経BPマーケティング	
	〒105-8308　東京都港区虎ノ門4-3-12	
装丁・制作	マップス	
編　　　集	松山 貴之	
印刷・製本	図書印刷	

Printed in Japan
ISBN978-4-296-11170-1